JN103498

「関数」を使った

Excel
時短テクニック

I/O 編集部 編

はじめに

　現代のオフィスワークでは必須と言えるほどの普及率を誇る表計算ソフト、「Excel」。

　いろいろと便利な機能が多い「Excel」ですが、特に「関数」は、使えるか否かで「Excel」の作業量が激変する重要機能です。

＊

　そんな「Excel」が、2022年8月、大規模にアップデートされました。

　「変更履歴の表示」といった「新機能」のほか、テキストや配列の操作を簡単にする、14個の「新関数」が追加されたのです。

＊

　本書は、「関数」の使い方について、ブログの記事から抜粋してまとめたものです。

　前半では、「関数」を使ったことがない方のために、「Excel関数の基礎」「データ集計」「データ抽出」「条件指定してデータを変化させる」といった、作業の短縮に役立つ「関数」の使い方を解説。

　後半では、新たに追加された「関数」について、「異なるシートに作った表から特定の項目の値を抜き出して合計する」などの使用例を挙げながら、その使い方を紹介しています。

＊

　どの記事も「Excel」に精通したユーザーによるものであり、これから「Excel」を使いこなしていきたいと考えているユーザーにとって大いに参考になるでしょう。

「関数」を使った

Excel
時短テクニック

CONTENTS

第1章

「関数」とはどんな機能か

■森田貢士

> デスクワークの効率化には「関数」を使うといいでしょう。
> よくある作業に適したものから少しずつ覚えていけば難しくありません。
> 順番に解説していきます。

サイト名	「Excelを制する者は人生を制す」
URL	https://excel-master.net/common/summary/worksheet-function-summary/
記事名	関数とはどんな機能か？活用の流れや手順、使い方まとめ

1-1　「関数」とは

「**関数**」とは、特定の計算や処理を行なう内容がセットされた数式のことです。

> ※ここでの説明は、ワークシート上で用いる「ワークシート関数」を指しています。

数式を用いたセルは、数式の計算や処理をした結果がセル上に表示されます。
（数式は、該当のセルを選択したときに「数式バー」で確認可能）
こうした数式の結果のことを「**戻り値**」（返り値）と言います。

＊

「関数」の数は400種類以上あり、代表的なものは「合計」を集計する「**SUM**」、「個数」を集計する「**COUNTA**」などです。

ご覧の通り、同じ元データであっても「関数」が違うと結果も異なり、それぞれの役割に関する作業を自動化できます。

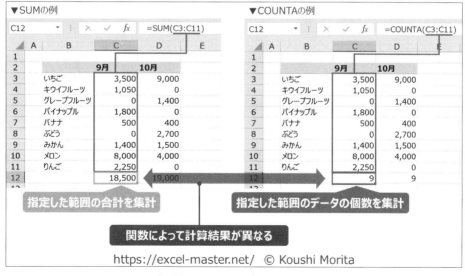

https://excel-master.net/　© Koushi Morita

「関数」にはそれぞれ特有の効果がある

＊

関数で自動化できる主な作業は、以下の通りです。

・数値の計算/集計(合計や個数等)

　SUM、COUNTA、SUMIFS、COUNTIFS など

・条件に合致するデータの検索/転記

　VLOOKUP、INDEX など

・条件に応じた値の表示(条件分岐)

　IF など

・日付/時刻の取得/計算(年・月・日から日付作成、日付間の日数など)

　DATE、WORKDAY、NETWORKDAYS など

・文字の整形/変換(大文字↔小文字、全角↔半角、置換など)

　ASC/JIS、UPPER/LOWER、SUBSTITUTE など

・セル番地/行数/列数の取得

　MATCH、ROW など

　上記は一例ですが、こうした作業を「関数」で自動化することで、ワークシート上の手作業を大幅に減らすことができ、作業の「時短」や「ミス抑止」につながります。

Column　「関数」は数式の構成要素の一つ

　Excelの数式は、「イコール」(=) の後に、次の4つの要素のいずれか、またはすべてを組み合わせて記述されるものです。

　ご覧の通り、「関数」もその構成要素の中の一つです。

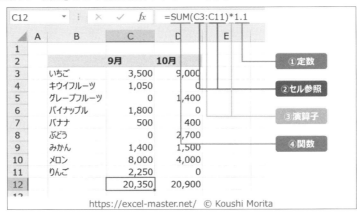

https://excel-master.net/　© Koushi Morita

数式の構成要素

①定数	数式上に直接入力する数値や文字列
②セル参照	「A1」などの「セル番地」
③演算子	「+」や「-」などの基本的な計算や処理を行なう記号
④関数	

1-2 「関数」の構成要素

「関数」を構成する要素は、次の4つです。

①イコール(=)

②関数名

③カッコ()

④引数

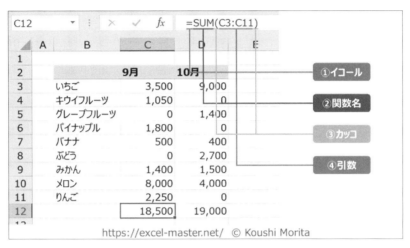

「関数」の構成要素

①～③はすべての「関数」で共通ですが、④の「**引数**」は、「関数」によって異なります。

「引数」は「関数」によって異なる

なお、「引数」とは、「**関数**」の材料となるデータを指し、「引数」ごとに設定できる「データの種類」(データ型)が決まっています。

その他、「引数」のルールとして、以下があります。

・「引数」が複数ある場合は、「コンマ」(,) で区切る。

・「角カッコ」([]) で囲まれた「引数」は、省略することも可能
　（省略した場合にどうなるかは、各関数の詳細を要確認）

1-3　「関数」を使う際の作業ステップ

「関数」は、大枠のイメージとして次図の3ステップで設定していきます。

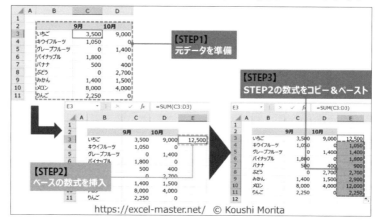

「関数」を使うための3ステップ

*

では、各ステップの詳細について、「SUM」を例に解説していきましょう。

■[STEP1]　「元データ」を準備

「関数」を活用する上で、最初に行なうべきは、「元データ」を準備することです。

　その際は、使う「関数」の「引数」で指定された「データ型」（「SUM」なら「**数値データ**」など）のデータを用意しましょう。

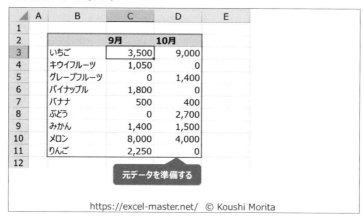

「元データ」を準備する

※「セル参照」をする必要がない場合は、このステップは不要です。

■**[STEP2]　ベースの数式を挿入**

　「元データ」が用意できたら、次はワークシート上の任意のセルへ「関数」の数式を挿入しましょう。

　事前に「IME」の入力モードは「半角英数」にした上で、以下の手順を実施していきます。

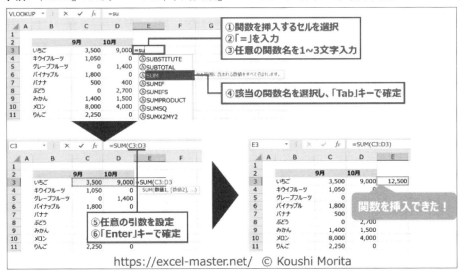

「関数」を挿入する

手　順　「関数」を挿入する

[1] 「関数」を挿入するセルを選択（①）します。

[2] 「=」を入力（②）。

[3] 任意の関数名の1~3文字入力（③）。
　「SUM」なら「su」などです。

[4] そこでサジェストされた一覧から該当の関数名を選択して、[Tab]キーで確定します（④）。

[5] すると、「=関数名(」がセットされるため、あとは任意の引数を設定（⑤）。
（セル参照や定数の入力）。

[6] [Enter]キーで確定（⑥）して完了です。

　手順[6]で、数式の最後の「)」が自動入力されます。

■[STEP3] [STEP2]の数式をコピー＆ペースト

最後に、「STEP2」で挿入したベースの数式を、その他のセルへコピー＆ペースト（コピペ）します。

コピペは、ベースの数式を「コピー」（[Ctrl]＋[C]）し、他セルへ「ペースト」（[Ctrl]＋[V]）してもいいですし、ベースの数式のセルの右下をダブルクリック（オートフィル）してコピペしてもいいです。

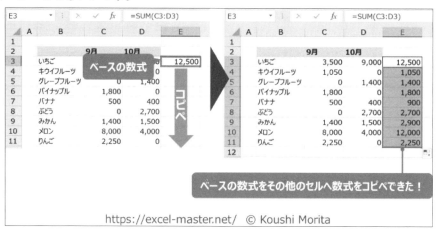

ベースの数式をコピペする

> ※「STEP2」をセットしたセルがテーブル内で自動的にコピペされた場合、あるいはそもそもコピペが不要な場合は、このステップは不要です。

＊

「関数」による効率化は、「いかに1つの数式をコピペして複数セルに使い回していくか」が非常に重要です。

コピペ後の数式の結果が問題ないか、[F2]キーなどで忘れずにチェックすることをお勧めします。

1-4 「関数」は最初に覚えるべき機能

「関数」は、Excelの主要機能の一つであり、これからちゃんとExcelを学びたい方は、最初に覚えるべき機能です。

それは、「関数」には次のような特性があるからです。

・「セル」が対象なので、使う場所の制約が少ない
・「関数」は各々が独立しているため、必要なものを都度学習すればすぐに実務に使える

こうした特性を踏まえ、「SUM」などの簡単なものから順に主要な関数を一つずつ覚えていくと、ステップアップしている実感が得られ、「もっと新しい関数を覚えたい！」というモチベーションが高まります。

「関数」をある程度使えるようになった際は、Excelの他の主要機能にもチャレンジしてみるといいでしょう。

第2章

指定範囲の数値をすべて合計できる「SUM」の使い方

■森田貢士

> 複数セルを合計したい場合は、関数の「SUM」を活用するといいです。
> 本章では、「SUM」の使い方について解説していきます。

サイト名	「Excelを制する者は人生を制す」
URL	https://excel-master.net/data-aggregation/function-first-step-sum/
記事名	【関数】指定範囲の数値をすべて合計できる「SUM」の使い方

2-1 まとめて複数セルを合計する場合は「SUM」が有効

「1列すべて」など、まとめて複数セル分の数値データの「合計」を算出するケースは実務では多いもの。

そんな場合、次図のように、地道に数式の「+」(加算)で複数セルをいくつもつなぎ合わせていませんか?

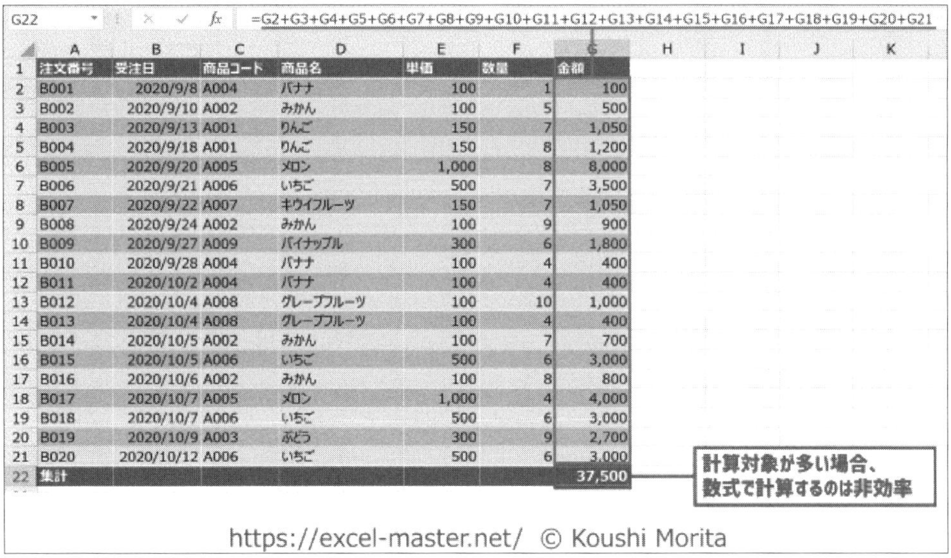

「+」(加算)で複数セルをつなぎ合わせて合計を算出するのは非効率

この方法も、ちゃんとやれば結果は間違いないのですが、**数式を記述するのに時間がかかり、かつセル選択をする回数分のミスのリスクが増えてしまう**ので、ナンセンスです。

　こんな場合、関数の「SUM」を使うことで、圧倒的に速く、楽に合計値を集計することができます。

　よって、複数セル分の数値データの合計をまとめて算出する場合は、「SUM」を使用していきましょう（ちなみに、「SUM」は「サム」と呼びます）。

2-2　「SUM」の構文

　「SUM」の構文は、以下の通りです。

=SUM(数値 1,[数値 2],...)

セル範囲に含まれる数値をすべて合計します。

「SUM」の引数の設定画面

　引数「数値 n」に指定できるデータ型は「数値」のため、「数値」または「数値の入ったセル」を指定しましょう。

2-3 「SUM」の使用結果イメージ

「SUM」で「合計」を集計したイメージは、以下の通りです。

*

今回は「金額」列の全データを合計しました。

「SUM」で「合計」を集計したイメージ

2-4 「SUM」の数式の挿入手順

上記の結果を得るための手順は、以下の通りです。

「SUM」の数式の挿入

手　順　「SUM」の数式の挿入

[1] 関数を挿入するセルを選択。

[2] 「=su」と入力。

[3] サジェストから「SUM」を選択し、「Tab」キーで確定

[4] 集計したいセル範囲を選択

[5] 「Enter」キーで確定

＊

[2]の際に、「IME」を「半角英数モード」にしましょう。

また、[4]は「矢印キー」でも「マウス」でもOKです。

[1]の後に、「ショートカット・キー」([Shift]+[Alt]+[=])で挿入することも可能です。

2-5 引数「数値」の主要な指定パターン２選

前述した手順の[4]での「SUM」の指定パターンは、以下の２つが主要です。

■[パターン1] 連続するセル範囲

こちらは、上記のように「連続するセル範囲」を指定するパターンです。
「SUM」を使う場合は、こちらが最もオーソドックスなパターンでしょう。

＊

なお、数式上の表記は**対象の範囲が「テーブル」か否か**で変わります。

●通常のセル範囲が対象

まず、通常のセル範囲を指定した場合（「テーブル」以外の場合）の表記は、以下の通りです。

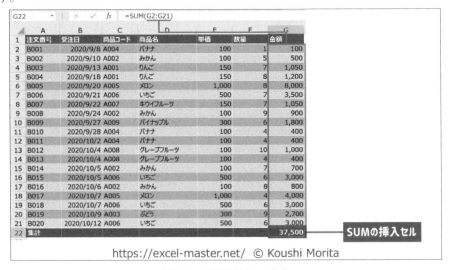

通常のセル範囲を指定した場合

この場合、数式上は「G1:G21」と表示されます。

ざっくり言えば、「G1セルからG21セルまでの範囲」という意味です。

＊

「コロン」(:)の場合は、1つの「引数」(数値1など)の中で「連続するセル範囲」を示すと覚えましょう。

●「テーブル」の列が対象

同じ範囲でも、対象の表が「テーブル」の場合は表記が変わります。

対象の表が「テーブル」の場合

この場合、数式上は[金額]となります。

ざっくり言えば「[金額]列のすべてのセル」という意味です。

「角カッコ」([])の中が、「テーブル」の列名となります。

＊

パターン1の「セル範囲」の指定をスムーズに行なうなら、「矢印キー」を活用する「ショートカット・キー」を覚えるといいでしょう。

「ショートカット・キー」の概要については、**付録**をご参照ください。

■[パターン2]　離れた複数のセル範囲

計算対象のセルが離れている場合でも、「SUM」の計算対象にすることが可能です。

＊

たとえば、[商品名]が「メロン」の[金額]のみを合計する場合は、次のように指定します。

G22		× ✓ fx	=SUM(G6,G18)				
	A	B	C	D	E	F	G
1	注文番号	受注日	商品コード	商品名	単価	数量	金額
2	B001	2020/9/8	A004	バナナ	100	1	100
3	B002	2020/9/10	A002	みかん	100	5	500
4	B003	2020/9/13	A001	りんご	150	7	1,050
5	B004	2020/9/18	A001	りんご	150	8	1,200
6	B005	2020/9/20	A005	メロン	1,000	8	8,000
7	B006	2020/9/21	A006	いちご	500	7	3,500
8	B007	2020/9/22	A007	キウイフルーツ	150	7	1,050
9	B008	2020/9/24	A002	みかん	100	9	900
10	B009	2020/9/27	A009	パイナップル	300	6	1,800
11	B010	2020/9/28	A004	バナナ	100	4	400
12	B011	2020/10/2	A004	バナナ	100	4	400
13	B012	2020/10/4	A008	グレープフルーツ	100	10	1,000
14	B013	2020/10/4	A008	グレープフルーツ	100	4	400
15	B014	2020/10/5	A002	みかん	100	7	700
16	B015	2020/10/5	A006	いちご	500	6	3,000
17	B016	2020/10/6	A002	みかん	100	8	800
18	B017	2020/10/7	A005	メロン	1,000	4	4,000
19	B018	2020/10/7	A006	いちご	500	6	3,000
20	B019	2020/10/9	A003	ぶどう	300	9	2,700
21	B020	2020/10/12	A006	いちご	500	6	3,000
22	集計						12,000

SUMの挿入セル

https://excel-master.net/　© Koushi Morita

「メロン」の[金額]のみを合計する場合

この場合、数式上は「G6,G18」と表示されます。

ざっくり言えば「**G6 セル**と**G18 セル**」という意味です。

＊

なお、コンマ (,) を都度入力してもいいですが、[Ctrl]キーを押しながらマウスで計算対象のセルをクリックするだけで自動的に「コンマ」(,) も入力されるので、こちらの方法をお勧めします。

＊

コンマ (,) の場合は、「引数」を「数値1、数値2…」と増やすという意味になります (複数の「連続するセル範囲」を指定することも可能)。

2-6 「サンプル・ファイル」で練習しよう！

可能であれば、以下の「サンプル・ファイル」をダウンロードして、実際に操作練習をしてみてください。

> サンプルファイル_ワークシート関数_SUM.xlsx
> https://1lejend.com/stepmail/kd.php?no=HSopfJqOylT

> ※「サンプル・ファイル」をダウンロードするには、無料メルマガに登録する必要があります（上記リンクから登録フォームへ遷移します）。

*

ブックを開いたら、次の手順を実施してください。

手 順 「SUM」の操作練習

[1] 関数を挿入するセルを選択（今回は「G22セル」）。

[2] 「=su」と入力

[3] サジェストから「SUM」を選択し、[Tab]キーで確定

[4] 集計したいセル範囲を選択（今回は「G2:G21」）

[5] [Enter]キーで確定
本章の解説と同じ結果になればOKです。

*

「SUM」は複数のセル範囲の数値を一瞬で合計でき、実務でも使用頻度は高いです。

集計を自動化、仕組み化する上でマストな「関数」なので、必ず覚えることをお勧めします。

第3章

特定条件に一致する数値を合計できる「SUMIFS関数」

■森田貢士

> 「商品別」や「日別」などの条件で合計を集計したいけれど、「SUM」
> だと限界がある…。
>
> そういった場合は、関数の「SUMIFS」を活用するといいでしょう。
> 本章では、「SUMIFS」の使い方について解説していきます。

サイト名	「Excelを制する者は人生を制す」
URL	https://excel-master.net/data-aggregation/sumifs/
記事名	【関数】特定条件に一致する数値を合計できる「SUMIFS」

3-1　○○別の合計を集計したい場合は、「SUMIFS」が有効

　実務では、データの特徴や傾向を把握するために、「商品別」や「日別」などの切り口で集計する機会は非常に多いものです。

　こうした「条件別の合計」の集計には、「商品名」や「日付」などの条件に一致するレコードの数値データのみで「合計」すればいいのですが、頑張れば「SUM」でも、集計可能です。

　ただし、指定するセル数が多ければ多いほど手作業が増え、誤ったセルを選択するリスクも増えてしまうため、この方法は非効率です。

「SUM」でも「条件別の合計」の集計はできなくはないが、非効率的

こんな場合、関数の「SUMIFS」を使うことで、**条件に一致するレコードのみを対象として、瞬時に合計を集計することが可能**となります（ちなみに、「SUMIFS」は「サムイフズ」と呼びます）。

よって、「条件別の合計」を集計する場合は「SUMIFS」を使っていきましょう。

3-2 「SUMIFS」の構文

「SUMIFS」の構文は、以下の通りです。

=SUMIFS(合計対象範囲, 条件範囲1, 条件1, [条件範囲2, 条件2],…)
特定の条件に一致する数値の合計を求めます。

「SUMIFS」の「引数」の設定画面

引数名	必 須	データ型	説 明
合計対象範囲	○	参照	合計対象のセル範囲を指定。
条件範囲1	○	参照	「条件1」の検索対象のセル範囲を指定。
条件1	○	すべて	「条件範囲1」内のどのセルを計算対象にするかの条件（値やセル番地など）を指定。
条件範囲2	※省略可	参照	「条件2」の検索対象のセル範囲を指定。
条件2	※省略可	すべて	「条件範囲2」内のどのセルを計算対象にするかの条件（値やセル番地など）を指定。

「引数[条件範囲n, 条件n]」は、条件の数に応じてセットで追加できます（最大127まで）。

また、引数「合計対象範囲」と引数「条件範囲n」で指定するセル数は、一致している必要があります（不一致の場合、「#VALUE!」のエラーが表示される）。

3-3 「SUMIFS」の使用結果イメージ

「SUMIFS」で「条件別の合計」を集計したイメージは、以下の通りです。

＊

今回は商品別で「金額」列の合計を集計しました。

「SUMIFS」で「条件別の合計」を集計したイメージ

＊

ポイントは、引数の「合計対象範囲」と「条件範囲1」はそれぞれ同じ範囲で固定すること（詳細は**本章6節**の「『SUMIFS』の集計漏れを防ぐTIPS」を参照）。

そして、引数「条件1」を1行ごとにスライドさせることです。

こうすることで、ベースとなる数式を以降のセルに使い回せるわけです。

※「参照形式」（絶対参照 / 相対参照）の詳細は、以下の記事を参照してください。
【エクセル超初心者向け】Excelで1つの数式をコピペで使い回すために知っておきたい絶対参照・相対参照の使い分け方
https://excel-master.net/common/excel-basic/absolute-and-relative-reference/

3-4 「SUMIFS」の数式の挿入手順

上記の結果を得るための手順は、以下の通りです。

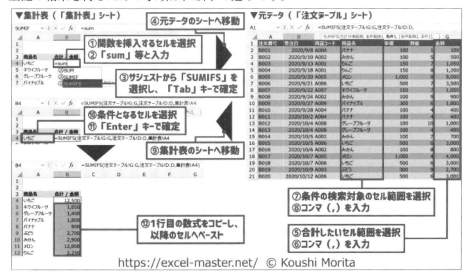

「SUMIFS」の数式を挿入する

手 順 「SUMIFS」の数式を挿入する

[1] 「関数」を挿入するセルを選択。

[2] 「=sum」と入力。

[3] サジェストから「SUMIFS」を選択し、[Tab]キーで確定。

[4] 元データのシートに移動（今回は「注文テーブル」シートに移動）。

[5] 合計したいセル範囲を選択（今回は「金額」列を選択）。

[6] 「コンマ」(,)を入力。

[7] 条件の検索対象のセル範囲を選択（今回は「商品名」列を選択）。

[8] 「コンマ」(,)を入力。

[9] 集計表のシートに移動（今回は「集計表」シート）。

[10] 条件となるセルを選択（今回は「A4セル」。）

[11] 「Enter」キーで確定。

[12] 1行目の数式をコピーし、以降のセルにペースト（今回は「B5〜B12セル」にペースト）。

*

[2]の際に「IME」を半角英数モードにしておきましょう。

また、[10]も、必要に応じて参照形式を変更すること（今回は指定しなくてもOK）。

3-5 「SUMIFS」と「SUMIF」の使い分け問題

「SUMIFS」の兄弟的な関数として「SUMIF」があります。

「1~127種類」の条件に対応できる「SUMIFS」と違い、「SUMIF」は1種類の条件しか
指定できません。

また、ややこしいのが、**合計の対象範囲を指定する引数の位置が異なる**点です。

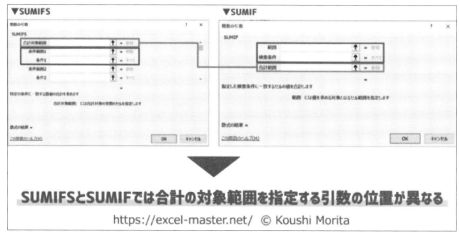

「SUMIFS」と「SUMIF」の使い分け

*

こうしたことから、原則は上位機能となる「SUMIFS」をメインで使うといいでしょう。

「SUMIFS」なら、条件が1種類から使えますし、後から条件を増やしたい場合の工数
も最小限にできます。

*

逆に、「SUMIF」でないといけないケースは、関数をセットする対象のExcelブック
の拡張子が「.xls」の場合です。

「SUMIFS」は「Excel 2007」から登場した関数であり、同じく「Excel 2007」から登場
したExcelブックの拡張子の「.xlsx」と「.xlsm」でないと使えません。

よって、どうしても「.xls」のExcelブックで集計しないといけない場合は、「SUMIF」
を使うこととなります（条件が2種類以上の場合は「SUMPRODUCT」）。

*

新機能が使えて、ファイル容量も小さくなる「.xlsx」や「.xlsm」のほうが、断然メリッ
トがあるので、現在「.xls」のExcelブックを使っている場合は、拡張子を「.xlsx」や
「.xlsm」へ移行する調整を行なうのがお勧めです。

3-6 「SUMIFS」の集計漏れを防ぐTIPS

「SUMIFS」のリスクとしてよくあるのは、「関数」のセット後、元データに追加されたレコードが集計範囲から漏れてしまう、というケースです。

この原因は、本章4節の手順[5][7]の際に、セット時点での元データのレコード数で範囲指定しているためです。

よって、「SUMIFS」のセット時点で、元データに「レコード」が追加されても問題ない範囲指定を行ないましょう。

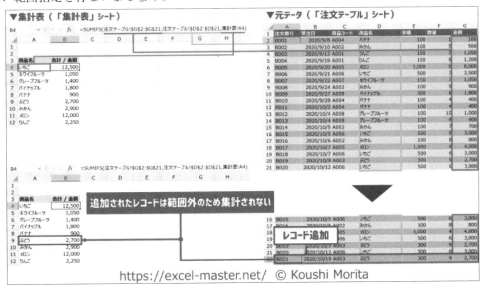

よくある「SUMIFS」の集計漏れ

■通常のセル範囲が対象

元データが通常のセル範囲の場合は、「列」単位で指定しましょう。

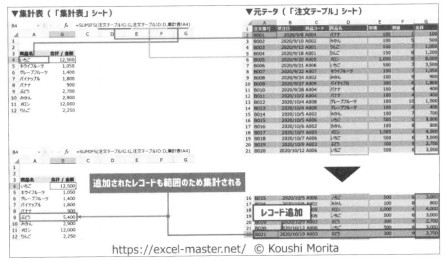

通常のセル範囲なら「列」単位で指定

ワークシート上の「列番号」(アルファベットの部分)をクリックすればOKです。

「列」全体を対象範囲にしているため、当然、「レコード」が増えても計算対象に含まれます。

＊

なお、「SUMIFS」の数式を横方向にコピペする際に、引数「条件範囲n」を横にスライドさせたくない(固定にしたい)場合は、「列」を「絶対参照」にしましょう。

■テーブルの「列」が対象

元データがテーブルの場合は、普通にその「列」を指定すればOKです。

テーブルなら「列」を指定

対象の「列名」が数式上にセットされ、テーブルに「レコード」が追加されても、集計対象に含まれます(集計対象範囲が自動拡張される)。

＊

特に指定がなければ、元データは事前にテーブルにしておくのがお勧めです。

3-7   「サンプル・ファイル」で練習

　可能であれば、以下の「サンプル・ファイル」をダウンロードして、実際に操作練習をしてみてください。

サンプルファイル_ワークシート関数_SUMIFS.xlsx
https://1lejend.com/stepmail/kd.php?no=HSopfJqOylT

> ※「サンプル・ファイル」のダウンロードには無料メルマガに登録する必要があります（上記リンクから登録フォームに遷移します）。

＊

　ブックを開いたら、次の手順を実施してください。

手　順　　「SUMIFS」の操作練習

[1]「関数」を挿入するセルを選択。

[2]「=sum」と入力。

[3] サジェストから「SUMIFS」を選択し、[Tab] キーで確定。

[4] 元データのシートに移動（今回は「注文テーブル」シート）。

[5] 合計したいセル範囲を選択（今回は「金額」列）。

[6]「コンマ」(,)を入力。

[7] 条件の検索対象のセル範囲を選択（今回は「商品名」列）。

[8]「コンマ」(,)を入力。

[9] 集計表のシートに移動（今回は「集計表」シート）。

[10] 条件となるセルを選択（今回は「A4 セル」）。

[11] [Enter] キーで確定。

[12] 1行目の数式をコピーし、以降のセルにペースト（今回は「B5〜B12 セル」にペースト）。
本章の解説と同じ結果になれば、OK です。

＊

　「SUMIFS」は条件別の合計を自動で集計でき、実務での利用頻度も高いです。

　「引数」の種類も多く、最初は若干難しく感じるかもしれませんが、集計を自動化し、仕組み化する上でマストな「関数」のため、必ず覚えることをお勧めします。

第4章

すべての列を検索して
セルを取得する「XLOOKUP関数」

■ Tipsfound運営者

> 本章では、「Excel」の「XLOOKUP関数」の使い方を紹介します。

サイト名	「Tipsfound」
URL	https://www.tipsfound.com/excel/04xlookup
記事名	エクセル XLOOKUP 関数：検索して一致した値に対応する行や列のセルを取得する

4-1 「XLOOKUP関数」とは

　「XLOOKUP関数」は、検索して一致した値に対応する「行」や「列」のセルを取得します。

　「XLOOKUP関数」とは、「VLOOKUP関数」や「HLOOKUP 関数」を、好きな「行」や「列」から検索できるようにした、上位互換の関数です。

```
=XLOOKUP(100,A1:A3,B1:B3)
```

のようにして、「VLOOKUP関数」のように列「A」から「100」を検索。

　一致する「行」の、列「B」の値を取得できます。

　また、

```
=XLOOKUP(100,A1:C1,A2:C2)
```

のようにして、「HLOOKUP関数」のように行「1」から「100」を検索して、一致する列の行「2」の値を取得できます。

```
=XLOOKUP(A1&","&B1,A2:A4&","&B2:B4,C2:C4)
```

のようにして、複数条件で列「A」と「B」の両方に一致する列「C」の値を取得することもできます。

　「見つからないときに0にする」といったことも可能です。

　「複数該当するときにすべての値を取得する」には「FILTER関数」を使います。

＊

セルの範囲を抽出するには「FILTER関数」を使います。

> ※この関数が使えるのは、「Excel for Microsoft 365」または「Excel 2021」からです。

4-2 「XLOOKUP関数」の構文

XLOOKUP(検索値, 検索範囲, 結果範囲)
　検索値を検索範囲のデータと比較し、一致した「行」または「列」に対応するセルを、結果範囲から取得します。

XLOOKUP(検索値, 検索範囲, 結果範囲, 見つからない場合, 一致モード, 検索モード)
検索値が見つからないときは、「見つからない場合」の値を返します。

「一致モード」で検索値と近いデータを取得するように指定できます。
また、「検索モード」で検索範囲を逆順に検索するように指定できます。

＊

「XLOOKUP関数」の引数

引数「検索値」	検索する値を、「数値」「文字列」「セル参照」「関数」などで指定。 引数「一致モード」が「2」のときだけ、ワイルドカードを使える。	スピル化
引数「検索範囲」	引数「結果範囲」から対応する「行」の値を取得するには、検索対象となる範囲を1列で指定。 引数「結果範囲」から対応する「列」の値を取得するには、検索対象となる範囲を1行で指定。	
引数「結果範囲」	取得するセルの範囲を指定。 複数の「行」または「列」を指定すると、結果もそのセルの範囲になる。	
引数「見つからない場合」	省略可。 引数「検索範囲」の中から見つからないときに返す値を、「数値」「文字列」「セル参照」「関数」などで指定。	スピル化
引数「一致モード」	省略可。 0または省略：検索する値と同じ値と一致。 1：検索する値と同じまたは、それ以上の「最小値」と一致。 -1：検索する値と同じまたは、それ以下の「最大値」と一致。 2：検索する値と同じ値と一致。 ワイルドカードを使える。	スピル化
引数「検索モード」	省略可。 1または省略：引数「検索範囲」が1列なら上から下へ、1行なら左から右へ検索。 -1：引数「検索範囲」が1列なら下から上へ、1行なら右から左へ検索。	スピル化

※スピル化：「セルの範囲」や「配列」を指定すると、結果が「スピル」する。

　結果が「セルの範囲」になるときは、「セルの範囲」や「配列」を指定してもその通りにはスピルされません。

■引数「検索値」

引数「一致モード」が「2」のときに使える「ワイルドカード」には、次のものがあります。

「一致モード」が「2」のときの「ワイルドカード」

パターン	説　明	使用例	一致例
*	任意の長さの文字	"あ*"	あ、あい、あいう
?	任意の1文字	"あ?"	あい、あか、あき
~	ワイルドカードの文字「*」「?」を検索する	"あ~?~*"	あ?*

4-3　　　　「XLOOKUP関数」の「引数」

「XLOOKUP関数」の「引数」に何を指定するのか、分かりやすく解説します。

＊

「VLOOKUP関数」のように検索する方法を解説します。

「HLOOKUP関数」のように検索するには、「行」と「列」を入れ替えて読んでください。

=XLOOKUP(検索値, 検索範囲, 結果範囲, 見つからない場合, 一致モード, 検索モード)

■引数「検索値」、何を検索しますか？

次のようなデータがあります。

＊

この中から何を検索したいですか？

▲	A	B	C	D	E	
1						
2		No.	名前	バージョン	個数	
3		1	ワード	2021	100	
4		2	エクセル	2019	200	
5		3	アクセス	2016	300	
6						

この中から、何を検索するか

「No.を検索して名前を取得したい」「名前を検索してバージョンを取得したい」といった場合には、その検索する値を引数「検索値」に指定します。

検索する値がセル「B8」に入っているのなら、次のように入力しましょう。

=XLOOKUP(B8

	A	B	C	D	E
1					
2		No.	名前	バージョン	個数
3		1	ワード	2021	100
4		2	エクセル	2019	200
5		3	アクセス	2016	300
6					
7		検索値	結果		
8		2			

検索する値を引数「検索値」に指定

■引数「検索範囲」、どこから検索しますか？

「No.」を検索するなら、その範囲の「列」を引数「検索範囲」に指定します。

次のように入力します。

=XLOOKUP(B8,B3:B5

	A	B	C	D	E
1					
2		No.	名前	バージョン	個数
3		1	ワード	2021	100
4		2	エクセル	2019	200
5		3	アクセス	2016	300

「No.」を「検索範囲」に指定

*

「名前」を検索するなら次のように入力。

=XLOOKUP(B8,C3:C5

	A	B	C	D	E
1					
2		No.	名前	バージョン	個数
3		1	ワード	2021	100
4		2	エクセル	2019	200
5		3	アクセス	2016	300

「名前」を「検索範囲」に指定

■引数「結果範囲」、どの値を取得しますか？

「No.」から「名前」を取得するなら、その「名前」の範囲を引数「検索結果」に指定します。

次のように入力しましょう。

```
=XLOOKUP(B8,B3:B5,C3:C5)
```

	A	B	C	D	E
1					
2		No.	名前	バージョン	個数
3		1	ワード	2021	100
4		2	エクセル	2019	200
5		3	アクセス	2016	300
6					

「名前」を「検索結果」に指定

「バージョン」を取得するなら、次のように入力します。

```
=XLOOKUP(B8,B3:B5,D3:D5)
```

	A	B	C	D	E
1					
2		No.	名前	バージョン	個数
3		1	ワード	2021	100
4		2	エクセル	2019	200
5		3	アクセス	2016	300
6					

「バージョン」を引数「検索結果」に指定

これで結果を取得できるようになります。
以降の「引数」はすべて省略可能です。

■引数「検索モード」

逆から検索する場合は、省略するか「1」を指定します。

すると、引数「検索範囲」の上、または左から検索します。

```
=XLOOKUP(B8,B3:B5,C3:C5,,,1)
```

	A	B	C	D	E
1					
2		No.	名前	バージョン	個数
3		1	ワード	2021	100
4		2	エクセル	2019	200
5		3	アクセス	2016	300
6					

省略するか「1」を指定すると、「検索範囲」の上か左から検索開始

また、「-1」を指定すると、引数「検索範囲」の下、または右から検索します。

```
=XLOOKUP(B8,B3:B5,C3:C5,,,-1)
```

	A	B	C	D	E
1					
2		No.	名前	バージョン	個数
3		1	ワード	2021	100
4		2	エクセル	2019	200
5		3	アクセス	2016	300
6					

「1」を指定すると、「検索範囲」の下か右から検索開始

この方法は、該当する値が複数あるときに、最後に一致する値を取得するのに使います。

通常は「上」、または「左」から検索したいので、省略します。

4-4 「XLOOKUP関数」の使い方

　結果がセルの範囲になるときは複数のセルに表示されます（これは「スピル」という機能によるものです）。

■「No.」を検索して「名前」を取得する

　「No.」が「1」の行の「名前」を取得します。

　引数「検索範囲」を**1列**にすると、「VLOOKUP関数」のように検索できます。

=XLOOKUP(B8,$B$3:$B$5,$C$3:$C$5)

	A	B	C	D	E	F
1						
2		No.	名前	バージョン	個数	
3		1	ワード	2021	100	
4		2	エクセル	2019	200	
5		3	アクセス	2016	300	
6						
7		検索値	結果			
8			=XLOOKUP(B8,$B$3:$B$5,$C$3:$C$5)			
9		1	ワード			
10		2	エクセル			
11		3	アクセス			
12						

「VLOOKUP関数」のように検索

■「HLOOKUP関数」のように検索する

　同様に、「No.」が「1」の列の「名前」を取得します。

　引数「検索範囲」を**1行**にすると「HLOOKUP関数」のように検索できます。

=XLOOKUP(B8,$C$2:$E$2,$C$3:$E$3)

	A	B	C	D	E	F
1						
2		No.	1	2	3	
3		名前	ワード	エクセル	アクセス	
4		バージョン	2021	2019	2016	
5		個数	100	200	300	
6						
7		検索値	結果			
8			=XLOOKUP(B8,$C$2:$E$2,$C$3:$E$3)			
9		1	ワード			
10		2	エクセル			
11		3	アクセス			

「HLOOKUP関数」のように検索

■特定の文字が入っている名前を検索する

「ワイルドカード」を使って、名前に"ワード"が入っている行の「個数」を取得しましょう。

引数「一致モード」に「2」を指定して、「ワイルドカード」を使います。

```
=XLOOKUP("*ワード*",C3:C6,E3:E6,,2)
```

```
=XLOOKUP("ワード*",C3:C6,E3:E6,,2)
```

```
=XLOOKUP("*ワード",C3:C6,E3:E6,,2)
```

名前が"ワード"で始まる値は、「"ワード*"」のように入力。
名前が"ワード"で終わる値は、「"*ワード"」のように入力します。

	A	B	C	D	E	F
1						
2		No.	名前	バージョン	個数	
3		1	エクセル	365	100	
4		2	パワードスーツ	2021	200	
5		3	ワードブック	2019	300	
6		4	キーワード	2016	400	
7						
8						結果
9		=XLOOKUP("*ワード*",C3:C6,E3:E6,,2)				200
10		=XLOOKUP("ワード*",C3:C6,E3:E6,,2)				300
11		=XLOOKUP("*ワード",C3:C6,E3:E6,,2)				400

「ワイルドカード」で名前に"ワード"が入っている行の「個数」を取得

■見つからないときに「0」にする

検索結果が見つからないときに「0」を表示させます。

=XLOOKUP(B8,B3:B5,C3:C5,0)

引数「見つからない場合」を省略したときは、「エラー」になります。

	A	B	C	D	E
1					
2		No.	名前	バージョン	個数
3		1	ワード	2021	100
4		2	エクセル	2019	200
5		3	アクセス	2016	300
6					
7		検索値	結果		
8		4	=XLOOKUP(B8,B3:B5,C3:C5,0)		
9			0		
10			=XLOOKUP(B8,B3:B5,C3:C5)		
11			#N/A		

検索結果が見つからないときに「0」を表示

■「セルの範囲」を取得する

「No.」が「1」の行の、「バージョン」と「個数」を取得します。

引数「結果範囲」を複数列にして、「セルの範囲」を取得可能です。

=XLOOKUP(B8,$B$3:$B$5,$D$3:$E$5)

結果がセルの範囲になるので、「SUM関数」などの引数に指定できます。

=SUM(XLOOKUP(B11,$B$3:$B$5,$D$3:$E$5))

	A	B	C	D	E	F
1						
2		No.	名前	バージョン	個数	
3		1	ワード	2021	100	
4		2	エクセル	2019	200	
5		3	アクセス	2016	300	
6						
7		検索値	結果			
8			=XLOOKUP(B8,$B$3:$B$5,$D$3:$E$5)			
9		1	2021	100		
10		2	2019	200		
11			=SUM(XLOOKUP(B11,$B$3:$B$5,$D$3:$E$5))			
12		3	2316			

「セルの範囲」を取得

■「別シート」を検索する

検索して取得したいデータが、シート「Sheet2」にあります。

▲	A	B	C	D	E	
1						
2		No.	名前	バージョン	個数	
3		1	ワード	2021	100	
4		2	エクセル	2019	200	
5		3	アクセス	2016	300	
6						

Sheet1　Sheet2　⊕

目的のデータが「Sheet2」にある

こういった場合に、シート「Sheet2」の「No.」が「2」の行の「名前」を取得しましょう。

=XLOOKUP(B3,Sheet2!B3:B5,Sheet2!C3:C5)

▲	A	B	C	D	
1					
2		検索値	XLOOKUP	結果	
3		2	=XLOOKUP(B3,Sheet2!B3:B5,Sheet2!C3:C5)	エクセル	
4					

「別シート」のデータを検索して取得

*

「別シート」を参照するには、「シート名!セル名」のように入力します。
セル名の前に「シート名!」を付けると、そのシートのセルを参照できます。

　セル参照を入力するのと同じように、「別シート」のセルをクリックして簡単に
「Sheet2!B3:B5」のように入力できます。

　詳しくは以下のページをご覧ください。

エクセル 別シートを参照(リンク)する
https://www.tipsfound.com/excel/01308

4-5　高度な使い方

■「複数条件」で検索する

「名前」と「バージョン」を検索して、両方に一致する個数を取得します。

＊

「複数の列」を条件にするには、引数「検索値」に「名前」と「バージョン」を区切り文字を付けて結合した値を入力します。

引数「検索範囲」に「名前」と「バージョン」の列を区切り文字を付けて結合した範囲を指定して、「複数条件」に対応できます。

=XLOOKUP(B9&","&C9,B3:B7&","&C3:C7,D3:D7)

	A	B	C	D	E	F
1						
2		名前	バージョン	個数		
3		エクセル	2021	10		
4		エクセル	365	20		
5		ワード	365	30		
6		ワード	2019	40		
7		アクセス	2016	50		
8		検索値1	検索値2			
9		エクセル	365			
10						
11		結果				
12		=XLOOKUP(B9&","&C9,B3:B7&","&C3:C7,D3:D7)				
13		20				
14						

「複数条件」で検索

■「見出し」で検索して「交差する値」を取得する

「行見出し」と「列見出し」を検索条件にして、「交差するセル」を取得します。

```
=XLOOKUP(B7,B3:B5,XLOOKUP(C7,C2:E2,C3:E5))
```

	A	B	C	D	E
1					
2			365	2021	2019
3		ワード	Word365	Word2021	Word2019
4		エクセル	Excel365	Excel2021	Excel2019
5		アクセス	Access365	Access2021	Access2019
6		行見出し	列見出し		
7		エクセル	365		
8					
9		結果			
10		=XLOOKUP(B7,B3:B5,XLOOKUP(C7,C2:E2,C3:E5))			
11		Excel365			
12					

「交差するセル」を取得

*

以下、数式の解説です。

「見出し」で検索するには、「XLOOKUP関数」を「入れ子」にします。

2つ目の「XLOOKUP関数」で「列見出し」を検索し、引数「結果範囲」に取得したいデータの範囲を入力します。

```
XLOOKUP(C7,C2:E2,C3:E5)
```

結果は、一致した「列」の範囲「C3:C5」のようになります。

	A	B	C	D	E
1					
2			365	2021	2019
3		ワード	Word365	Word2021	Word2019
4		エクセル	Excel365	Excel2021	Excel2019
5		アクセス	Access365	Access2021	Access2019
6		行見出し	列見出し		
7		エクセル	365		
8					
9		結果			
10		=XLOOKUP(C7,C2:E2,C3:E5)			
11		Word365			
12		Excel365			
13		Access365			
14					

「列見出し」を検索

そして、1つ目の「XLOOKUP関数」で「行見出し」を検索します。
引数「結果範囲」に、「列見出し」を検索した結果を入力。

=XLOOKUP(B7,B3:B5,C3:C5)
=XLOOKUP(B7,B3:B5,XLOOKUP(C7,C2:E2,C3:E5))

	A	B	C	D	E
1					
2			365	2021	2019
3		ワード	Word365	Word2021	Word2019
4		エクセル	Excel365	Excel2021	Excel2019
5		アクセス	Access365	Access2021	Access2019
6		行見出し	列見出し		
7		エクセル	365		
8					
9		結果			
10		=XLOOKUP(B7,B3:B5,C3:C5)			
11		Excel365			
12					

「行見出し」を検索

*
これで「行見出し」と「列見出し」が「交差する値」を取得できます。

■複数該当するとき、すべての値を取得する

一致する値が複数あるとき、すべての該当する値を取得するには「FILTER関数」を使います。

```
=FILTER(D3:D7,B3:B7=B10)
```

```
=XLOOKUP(B10,B3:B7,D3:D7)
```

	A	B	C	D	E
1					
2		名前	バージョン	個数	
3		エクセル	2021	10	
4		エクセル	365	20	
5		ワード	365	30	
6		ワード	2019	40	
7		アクセス	2016	50	
8					
9		検索値	結果		
10		エクセル	=FILTER(D3:D7,B3:B7=B10)		
11			10		
12			20		
13			=XLOOKUP(B10,B3:B7,D3:D7)		
14			10		
15					

一致する複数の値をすべて取得

4-6 「VLOOKUP関数」のように検索する方法

以下では、「VLOOKUP関数」のように検索する方法を解説します。

「HLOOKUP関数」のように検索するには、「行」と「列」を入れ替えて読んでください。

・引数「検索値」について

引数「検索値」の「大文字」と「小文字」は区別しません。

「"ABC"」と「"abc"」は等しいです。

・引数「検索範囲」について

引数「検索範囲」には、1列だけ指定します。

データが並べ替えられている必要はありません。

引数「検索範囲」が複数列のときは、エラー「#VALUE!」になります。

・引数「結果範囲」について

引数「結果範囲」は、引数「検索範囲」の「行数」にあわせる必要があります。

「行数」があっているなら、1列でも複数列の範囲でも指定可能です。

引数「結果範囲」と引数「検索範囲」の「行数」があっていないときは、エラー「#VALUE!」になります。

引数「結果範囲」が1列なら、対応する「行」の「セルの値」を取得。

複数列なら、対応する「行」の「セルの範囲」を取得します。

・引数「見つからない場合」について

検索結果が見つからないときは、引数「見つからない場合」を返します。

引数「見つからない場合」を省略しているときは、エラー「#N/A」になります。

・引数「一致モード」について

引数「一致モード」が「1」の場合は、「10,20,30」の中から「15」を検索すると、「15」以上の最小値である「20」と一致します。

「-1」なら「10,20,30」の中から「15」を検索すると、「15」以下の最大値である「10」と一致します。

そして、引数「一致モード」が「2」なら、引数「検索値」に「ワイルドカード」を使えます。

第5章

「条件分岐」を自動化する「IF関数」

■森田貢士

> Excelへの入力時に、社内ルールが多くて、いちいち自分で判断するのが大変…。
>
> そういった場合でも、条件によって入力する内容がきちんとルール化されているならば、「IF関数」がお勧めです。
>
> 「IF関数」を設定すれば、いちいち判断しなくていいので、効率がいいですし、何よりもストレスフリーです。

サイト名	「Excelを制する者は人生を制す」
URL	https://excel-master.net/common/summary/if/
記事名	【エクセル初心者向け】データの条件分岐を自動化してストレスフリー！IF関数の使い方

5-1 「IF関数」とは

読み方は「イフ関数」と読みます。

関数名の「IF」は、Microsoftの公式見解がないので推測ですが、「もしも〜」を意味する英単語から来ていると考えられます。

*

数式ライブラリ上のカテゴリは「論理」です。

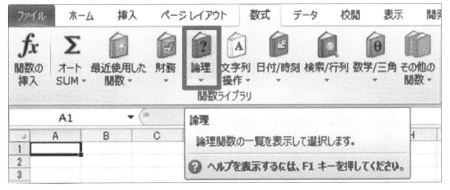

「IF関数」は「論理」カテゴリにある

*

「IF関数」の具体的な機能は、英単語と同じく「もしも〜の場合」という条件を設定し、その条件に「該当した場合/該当しない場合」にどの値を表示させるかを設定することができます。

一言でいえば、「指定した条件に合わせてセルの値を変えてくれる関数」と言えます。

■難易度は、単体なら「初級」レベル、組み合わせて使うなら「中級」レベル

実は、「IF関数」は人によって評価が分かれる「関数」かもしれません。

*

単体で見ると、「関数」の中での難易度は「初級」レベルです。

参考までに、Excelのもっとも有名な資格である「MOS」（マイクロソフトオフィススペシャリスト）は、一般レベルの「**スタンダード**」と上級レベルの「**エキスパート**」の2つの難易度がありますが、「IF関数」は一般レベルの「**スタンダード**」から出題されます。

ただし、「IF関数」は他の関数と組み合わせて使うことが多いため、複数の関数を同じ数式で扱えないと、「IF関数」の真の力は発揮できません。
そのことを加味すると、習得難易度は、だいたい「真ん中ぐらい」のレベルと言えます。

*

ちなみに、Excelを使う職場では「IF関数を使えるかどうか」が、おおよそのExcelスキルを計る物差しになっています。
事実、Excelを使う事務の仕事の求人募集を探してみると、募集要項の中に「VLOOKUP関数とIF関数が使えること」が条件として掲載されていることが、けっこうあります。

私も、事務の職場をマネジメントしていた際は、「VLOOKUP関数」と「IF関数」が使えるかどうかを採用基準の目安にしていました。

5-2　　「IF関数」が活躍する「条件分岐」の３ケース

では、実際にこの「IF関数」が活躍するシーンを確認していきましょう。

それは「**データの条件分岐**」です。

*

「データの条件分岐」といっても難しく考える必要はありません。

たとえば、天気によって「傘がいる／いらない」も「条件分岐」です。
雨なら傘がないとびしょ濡れになるので、「持っていく」と自分の脳内で判断しますよね。
この判断基準をExcelで表現するのに、「IF関数」を用いる、というイメージです。

実際に表現すると、以下のようになります。

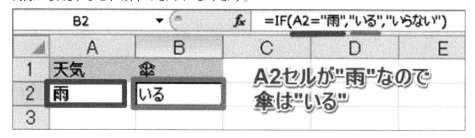

「傘がいる／いらない」の判断を「IF関数」で表現する

　上記は、「A2セル」が「雨」なら「いる」、それ以外なら「いらない」、という判断を「IF関数」の数式にしたものですね（細かい構造は後ほど説明します）。

　このように、最初に「IF関数」を用いて条件に応じて表示する値を設定しておくと、いちいち頭で考えて入力する内容を変える、といった作業は不要になるので、お勧めですよ。

　「IF関数」を実務で使う際には、大別して以下の３つの条件分岐に役立ちます。

■［ケース１］　条件に応じて値を変える

いちばんオーソドックスな使い方です。
先ほどの「天気によって傘がいる／いらないの場合」と同じケースとなります。

＊

「IF関数」に慣れるまでは、ひらすらこの使い方を反復するといいでしょう。
なお、本章では、こちらのケースの練習をするための「サンプル・ファイル」を用意しています。

■［ケース２］　条件に応じて計算を変える

　続いては、少し難易度が上がりますが、「条件に応じて計算を変える」というケースです。

　こちらは、「IF関数」の条件に応じて「数式」や「関数」を活用するという、中級者向けの内容です。

＊

　具体例として、「目標値に対しての実績の達成率を算出したい場合」などが挙げられます。

　たとえば、「売上」と「利益」は「目標値」を上回っていればよく、「原価」は「目標値」を下回っていればいいとすると、「達成率」を計算する式を変えたほうがしっくりくる場合があります。

　分かりやすいように、それぞれ「UP」「DOWN」というように、「B列」に「目標値に対して実績がどうなっていればいいか」のフラグを立て、「達成率」を示す「E列」は「IF関数」で条件分岐するように設定したのが、次の図です。

目標値に対しての実績の達成率を算出する

　「B列」が「UP」であれば「実績÷目標値」の数式、それ以外は「目標値÷実績」と、条件に応じて計算が変わるようにしたので、「達成率」の「E列」を見るだけで「原価」が目標値を下回っていることが分かります。

　このように、条件に応じて計算を変えたい場合に「IF関数」は有効なのです。

＊

　なお、表現として「計算」としていますが、計算以外にも「関数」でできる処理全般を設定することが可能です。

■[ケース3]　エラー回避

　意外と使用頻度が高いケースですが、「**エラー回避**」とは、他の「関数」を使っている中で、何かしらの「エラー」が表示されてしまう場合に、そのエラー表示を回避することを指します。

＊

　関数の引数となるデータを入力する前など、エラー表示になってしまうケースは多いです。

　先ほどの[ケース2]のサンプルで言えば、「実績」が未入力だと、「E3セル」の数式が「エラー」になってしまいます。

E3	▼	fx	=IF(B3="UP",D3/C3,C3/D3)	
	A	B	C	D	E
1			目標値	実績	達成率
2	売上	UP	1,000		0.0%
3	原価	DOWN	800		#DIV/0!
4	利益	UP	200		0.0%
5		D3セルが未入力なのでエラー			

「実績」が未入力

　このエラー表示を隠すために、もう1つ「IF関数」を用いると、エラー表示を回避させることができます。

E3	▼	fx	=IF(D3="","-",IF(B3="UP",D3/C3,C3/D3))		
	A	B	C	D	E	F
1			目標値	実績	達成率	
2	売上	UP	1,000		-	
3	原価	DOWN	800		-	
4	利益	UP	200		-	
5				D3がブランク("")なので"-"		

「IF関数」でエラー表示を回避

　こちらは、やや難しいかもしれませんが、「IF関数」の中に「IF関数」を入れ子状にすることを、「**ネストする**」と表現します。

*

それでは、IF関数の活躍するケースを理解したところで、実際に「IF関数」を使っていくために必要な知識を学んでいきましょう。

5-3 「IF関数」の「構文」を理解する

「IF関数」を記述する際の「構文」は、次のとおりです（引数名を[]で囲っているものは省略可能）。

=IF(論理式,[真の場合],[偽の場合])

■引数

「IF関数」の引数

引数名	必須	データ型	説明
論理式	○	論理値	判断基準となる条件を指定。 たとえば、「A4セルは○ですか？」というような、「YES/NO」で答えられる質問を設定するイメージ。 ※「YES/NO」がExcelで言う「TRUE/FALSE」と言える。
真の場合 （しんのばあい）		どの型でも可	「論理式」の結果が、「真」（TRUE）の場合に返す値を指定。 「A4セルは○ですか？」という質問に、YESの場合に設定しておく値と言える。 ※未指定の場合、「0」が返る。
偽の場合 （ぎのばあい）		どの型でも可	「論理式」の結果が「偽」（FALSE）の場合に返す値を指定。 「A4セルは○ですか？」という質問に、NOの場合に設定しておく値と言える。 ※未指定の場合、「0」が返る。

*

なお、「データ型」とは、その引数に指定できるデータの形式を指します。

指定外のデータ形式を指定すると、「関数」の「戻り値」（返り値）が「エラー」となるので、注意してください。

この「データ型」を把握していると、不要な「エラー」を回避したり、他の「関数」と組み合わせる際に役立ちます。

ちなみに、「IF関数」自体の「戻り値」（返り値）は、引数「真の場合」「偽の場合」のいずれかのデータの形式に準じるので、「文字列」や「数値」「日付/時刻」など、どの「データ型」になるかはケースバイケースとなります。

■引数「論理式」を設定するためには「比較演算子」の理解が必要！

「IF関数」の要点は、引数「論理式」できちんと条件を表現できるかどうかです。
本章でも、サンプルでさらっと見せてきた「A2="雨"」や「B2="UP"」の部分ですね。

「A2」や「B2」などの「セル番地」(左辺)と、「雨」と「UP」といった「定数」(右辺)の間に、
「=」(イコール)があるのに気づいたでしょうか。
この「=」(イコール)が、「比較演算子」の1つになります。

他にも「比較演算子」は複数ありますが、いずれも「算数」「数学」で見慣れた記号のは
ずです(「<>」は見慣れていないかもしれませんが)。

比較演算子

演算子	読み方	説 明	例
=	等 号	左辺と右辺が等しい	A1=B1
>	より大記号(だいなり)	左辺が右辺よりも大きい	A1>B1
<	より小記号(しょうなり)	左辺が右辺よりも小さい	A1<B1
>=	より大か等しい記号 (だいなり いこーる)	左辺が右辺以上である	A1>=B1
<=	より小か等しい記号 (しょうなり いこーる)	左辺が右辺以下である	A1<=B1
<>	不等号	左辺と右辺が等しくない	A1<>B1

右辺と左辺の間に上記の「比較演算子」を用いて、自分が設定したい条件式を作ればい
いのです。

慣れないうちは大変かもしれませんが、何回もいろいろな式をつくってみると自ずと
感覚的に理解できてきます。

＊

ちなみに、「>」や「<」は混乱しやすいですが、口が開いているほうが大きいので、迷っ
たら思い出してください。

5-4　　　　「サンプル・ファイル」で練習しよう！

では、実際に「IF関数」を使ってみましょう。

■サンプルの条件

今回の題材は次のとおりです。

＊

「合否判定」というシートに「合格点」「得点」「合否」という項目があります。

項目「合格点」「得点」「合否」

「合格点」は80点なので、「A2セル」に「80」の値が入っており、「得点」は今回は79点だったので、「B2セル」に「79」の値が入っています。

　上記の場合、「合格」なのか「不合格」なのかの「合否」を判定する「IF関数」の数式を、「C2セル」に入れてみましょう。

■実際に操作する

　可能であれば、以下の「サンプル・ファイル」をダウンロードして実際に操作してください。

```
サンプルファイル_IF関数
https://1lejend.com/stepmail/kd.php?no=HSopfJqOylT
```

> ※「サンプル・ファイル」のダウンロードには、無料メルマガに登録する必要があります
> （上記リンクから登録フォームに遷移します）

ファイルを開いたら、次の手順を実行してください。

手 順 「IF関数」の操作練習

[1] 「合否」シートを選択

[2] 「C2 セル」に、

=IF(B2>=A2,"合格","不合格")

を入力。

問題なく「不合格」という値が「C2 セル」に表示されたら OK です。

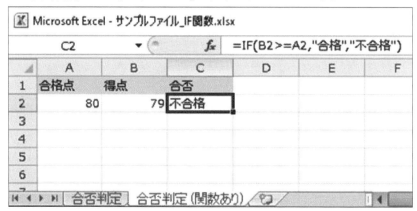

「C2セル」に「不合格」と表示されたらOK

「B2 セル」の値を変えてみて、「C2 セル」の値がどう変わるかも、いろいろ試してみてください。

> ※もし、表や数式を加工してしまった場合は、上記手順を実施済みの「合否(関数あり)」シートも、「サンプル・ファイル」内に用意しています。必要に応じて活用してください。

5-5　　　　「IF関数」の仕組みを理解しよう！

なんとなく「IF関数」の機能がイメージできましたか？

ここで、「IF関数」が、裏側でどういう仕組みで動いているのかも、きちんと理解しておきましょう。

■[STEP1]　引数「論理式」の結果が「TRUE」なのか「FALSE」なのかを判定

Excel側で、数式中の引数「論理式」の結果が、「TRUE」なのか「FALSE」なのかを判定します。

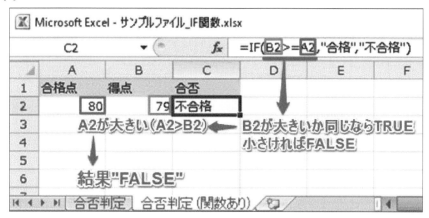

「論理式」の結果が「TRUE」か「FALSE」かを判定

今回の例では、「B2>=A2」でしたが、「セルの値」を代入すると「79>=80」です。

残念ながら「79」「は「80」よりも小さい数値なので、条件式に当てはまらないため、結果は「FALSE」となります。

■[STEP2]　[STEP1]の結果に応じた値を表示

続いて、Excel側で[STEP1]の結果に基づき、表示される値が変わります。

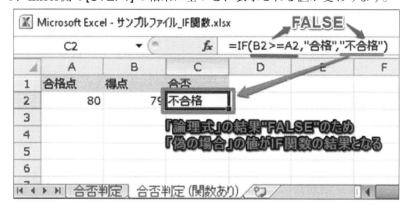

[STEP1]の結果に応じた値を表示

結果が「TRUE」なら引数「真の場合」の値が、「FALSE」なら引数「偽の場合」の値になる、ということです。

今回の例では、結果が「FALSE」なので、引数「偽の場合」に設定していた「不合格」という値が、「C2セル」にセットした「IF関数」の「戻り値」(返り値)になります。

＊

「IF関数」は、まずは単体で使いこなせるように反復練習して、ぜひマスターしてほしい関数です。

なぜなら、「IF関数」は単体でももちろん便利ですが、別の関数と組み合わせて使うことで、さまざまシチュエーションで活躍するポテンシャルを秘めているからです。

＊

IF関数は「**組み合わせのために存在する関数**」と言っても過言ではないほど、複数の関数と一緒に使うことで真価を発揮する"いぶし銀"な万能選手です。

私も、実務で使う頻度は全関数の中でも1、2位を争うほどです。

ただし難点は、自由度が高い分、使いどころに個々の「センス」や「力量」がもろに出てしまうところでしょう。

よって、繰り返しになりますが、まずは「IF関数」単体をマスターすることを優先し、実際の作業で使い倒してください。

第6章

「VSTACK関数」「HSTACK関数」の使い方

■よねさん

> 「VSTACK 関数」「HSTACK 関数」、が「Excel for Microsoft 365」
> で使用できるようになりました(2022/9/2に確認)。

サイト名	「よねさんのWordとExcelの小部屋」
URL	http://www.eurus.dti.ne.jp/~yoneyama/Excel/kansu/vstack_hstack.html
記事名	垂直方向・水平方向へ配列を追加するVSTACK関数・HSTACK関数の使い方

6-1　「VSTACK関数」「HSTACK関数」

> 「垂直方向」へ配列を追加する
> ブイ　スタック
> = V STACK(array1,array2,...)

> 「水平方向」へ配列を追加する
> エイチ　スタック
> = H STACK(array1,array2,...)

■「VSTACK関数」「HSTACK関数」の引数

関数の「引数」は、現時点では英語表記になっています。

VSTACK関数、HSTACK関数

引　数		意　味
array1	必須	セル範囲や配列
array2	省略可	追加するセル範囲や配列

●【使用例】

「B2:E6 セル」をテーブルに変換しています。
テーブル名は「鹿児島」です。

「G2:J6 セル」をテーブルに変換しています。
テーブル名は「指宿」です。

この2つのテーブルを「垂直方向」に結合します。

「B9 セル」には、

> =VSTACK(鹿児島,指宿)

と入力。

テーブルでは、先頭行の**タイトル行は無視**され、データのみが**結合**されます。

	A	B	C	D	E	F	G	H	I	J	K
			B9			fx	=VSTACK(鹿児島,指宿)				
1											
2		店名	日付	商品名	販売数		店名	日付	商品名	販売数	
3		鹿児島	2022/4/1	バナナ	14		指宿	2022/4/1	マンゴー	21	
4		鹿児島	2022/4/1	みかん	25		指宿	2022/4/1	みかん	15	
5		鹿児島	2022/4/1	りんご	17		指宿	2022/4/1	りんご	7	
6		鹿児島	2022/4/1	桃	21		指宿	2022/4/1	バナナ	11	
7											
8											
9		鹿児島	2022/4/1	バナナ	14						
10		鹿児島	2022/4/1	みかん	25						
11		鹿児島	2022/4/1	りんご	17						
12		鹿児島	2022/4/1	桃	21						
13		指宿	2022/4/1	マンゴー	21						
14		指宿	2022/4/1	みかん	15						
15		指宿	2022/4/1	りんご	7						
16		指宿	2022/4/1	バナナ	11						
17											

2つのテーブルを「垂直方向」に結合

*

適切なデータとは思えませんが、同じデータを使って説明すると、「水平方向」に結合する場合は、

=HSTACK(鹿児島,指宿)

と入力します。

図のように、「水平方向」にデータが結合されます。

	A	B	C	D	E	F	G	H	I	J	
			B9			fx	=HSTACK(鹿児島,指宿)				
1											
2		店名	日付	商品名	販売数		店名	日付	商品名	販売数	
3		鹿児島	2022/4/1	バナナ	14		指宿	2022/4/1	マンゴー	21	
4		鹿児島	2022/4/1	みかん	25		指宿	2022/4/1	みかん	15	
5		鹿児島	2022/4/1	りんご	17		指宿	2022/4/1	りんご	7	
6		鹿児島	2022/4/1	桃	21		指宿	2022/4/1	バナナ	11	
7											
8											
9		鹿児島	2022/4/1	バナナ	14	指宿	44652	マンゴー	21		
10		鹿児島	2022/4/1	みかん	25	指宿	44652	みかん	15		
11		鹿児島	2022/4/1	りんご	17	指宿	44652	りんご	7		
12		鹿児島	2022/4/1	桃	21	指宿	44652	バナナ	11		
13											

2つのテーブルを「水平方向」へ結合

■結合した配列からデータを検索する例

2つのテーブルの、商品名が「バナナ」のデータを取り出してみましょう。

データを抽出するのに「FILTER関数」を利用し、2つのテーブルの結合は「VSTACK関数」を使用します。

また、「FILTER関数」の引数の抽出条件に「3列目がバナナと等しい」とするために、「CHOOSECOLS関数」を使います。

> ※「CHOOSECOLS関数」の詳細な説明は、**第8章**をご覧ください。

＊

「B9セル」の数式は、

> =FILTER(VSTACK(鹿児島,指宿),CHOOSECOLS(VSTACK(鹿児島,指宿),3)="バナナ")

としました。

B9			f_x	=FILTER(VSTACK(鹿児島,指宿), CHOOSECOLS(VSTACK(鹿児島,指宿),3)="バナナ")					
	A	B	C	D	E	F	G	H	I	J

	A	B	C	D	E	F	G	H	I	J
1										
2		店名	日付	商品名	販売数		店名	日付	商品名	販売数
3		鹿児島	2022/4/1	バナナ	14		指宿	2022/4/1	マンゴー	21
4		鹿児島	2022/4/1	みかん	25		指宿	2022/4/1	みかん	15
5		鹿児島	2022/4/1	りんご	17		指宿	2022/4/1	りんご	7
6		鹿児島	2022/4/1	桃	21		指宿	2022/4/1	バナナ	11
7										
8										
9		鹿児島	2022/4/1	バナナ	14					
10		指宿	2022/4/1	バナナ	11					
11										

2つのテーブルからデータを取り出す

■列数が異なる配列を結合すると？

「2R×3C」の配列と、「3R×2C」の配列を「垂直方向」に結合すると、「5R×3C」の配列になります(空欄となるセルには「#N/A」が入力される)。

＊

「B6セル」への入力は、

> =VSTACK(B2:D3,F2:G4)

です。

B6			f_x	=VSTACK(B2:D3,F2:G4)		

▲	A	B	C	D	E	F	G	
1								
2		A1	B1	C1		あ1	い1	
3		A2	B2	C2		あ2	い2	
4						あ3	い3	
5								
6		A1	B1	C1				
7		A2	B2	C2				
8		あ1	い1	#N/A				
9		あ2	い2	#N/A				
10		あ3	い3	#N/A				
11								

列数が異なる配列を「垂直方向」に結合する

　また、「2R×3C」の配列と「3R×2C」の配列を「水平方向」に結合すると、「3R×5C」の配列になります(空欄となるセルには「#N/A」が入力される)。

＊

「B6セル」への入力は、

=HSTACK(B2:D3,F2:G4)

です。

B6			f_x	=HSTACK(B2:D3,F2:G4)			

▲	A	B	C	D	E	F	G	H
1								
2		A1	B1	C1		あ1	い1	
3		A2	B2	C2		あ2	い2	
4						あ3	い3	
5								
6		A1	B1	C1	あ1	い1		
7		A2	B2	C2	あ2	い2		
8		#N/A	#N/A	#N/A	あ3	い3		
9								
10								

列数が異なる配列を「水平方向」に結合する

＊

　これらのエラーを表示したくない場合は、「IFERROR関数」を使います。

=IFERROR(VSTACK(B2:D3,F2:G4),"")

と入力すると、エラーを「非表示」にすることが可能です。

B6			:	×	✓	fx	=IFERROR(VSTACK(B2:D3,F2:G4),"")		
▲	A	B	C	D	E	F	G	H	I
1									
2		A1	B1	C1		あ1	い1		
3		A2	B2	C2		あ2	い2		
4						あ3	い3		
5									
6		A1	B1	C1					
7		A2	B2	C2					
8		あ1	い1						
9		あ2	い2						
10		あ3	い3						
11									

「IFERROR関数」でエラーを「非表示」にできる

6-2　「VSTACK関数」で「串刺し計算」（集計）にトライ

「串刺し計算」は、「列見出し」と「行見出し」が同じ順番に並んでいる場合に使用できます。

*

同じセル位置に、4月～6月のデータがあります。

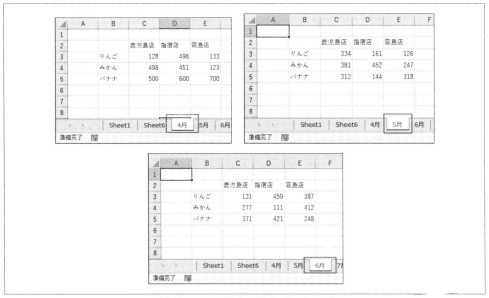

異なるシートの同じセル位置にデータがある

これを「串刺し計算」すると、「C3:E5セル」を選択して、数式バーに、

=SUM('4月:6月'!C3)

と入力。

[Ctrl]+[Enter]で、数式の入力を確定します。

「串刺し計算」を実行した様子

「スピル」が利用できる場合は、

='4月'!C3:E5+'5月'!C3:E5+'6月'!C3:E5

とすることもできます。

「スピル」を使う場合

＊

「VSTACK関数」を使うと、**次図**のような感じになります。

=SUM(FILTER(FILTER(VSTACK('4月:6月'!$B$3:$E$5),
CHOOSECOLS(VSTACK('4月:6月'!$B$3:$E$5),1)=$B13),
COUNTIF(C$12,$B$12:$E$12)))

　かなり面倒ですが、セルの位置が各シートで異なっていたり、「行見出し」が同じでなかったりする場合には、上記の「串刺し計算」では計算できません。

　そのような場合はこちらの出番となります。

(実は、「ピボットテーブル」のほうが楽ですが……)。

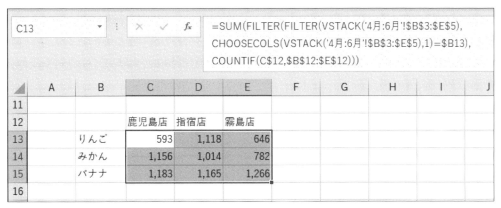

| C13 | | × ✓ fx | =SUM(FILTER(FILTER(VSTACK('4月:6月'!$B$3:$E$5), CHOOSECOLS(VSTACK('4月:6月'!$B$3:$E$5),1)=$B13), COUNTIF(C$12,$B$12:$E$12))) |

	A	B	C	D	E	F	G	H	I	J
11										
12			鹿児島店	指宿店	霧島店					
13		りんご	593	1,118	646					
14		みかん	1,156	1,014	782					
15		バナナ	1,183	1,165	1,266					
16										

「VSTACK関数」を使う場合

6-3 「VSTACK関数」で「疑似串刺し計算」(集計)を行なう

「串刺し計算」はデータの位置関係がすべて同じ位置にある必要がありますが、ここでは「列見出し」の順番が同じである必要があります。

*

「行見出し」が異なっているのが前と異なっています。

7月の「B5セル」は「マンゴー」となっていますが、「8月」「9月」は「バナナ」です。

また、「行データ」の増減にも対応できます。

ここで使用したデータ

3つのシートのデータはすべてテーブルにしています。

データの増減と数式の見易さのためです。

シート「7月」に「七月」というテーブルを作っています。

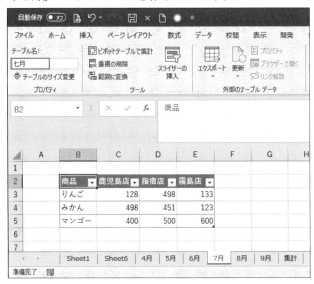

シート「7月」にテーブル「七月」を作成

同じように、シート「8月」に「八月」というテーブルを、シート「9月」に「九月」というテーブルを作っています。

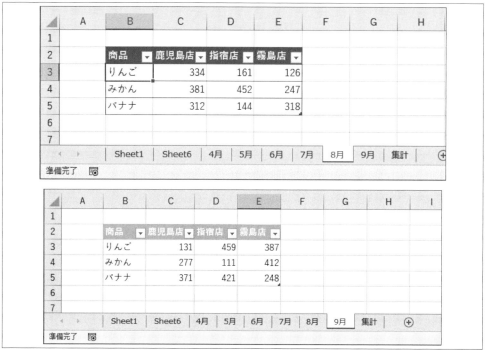

シート「8月」「9月」に、テーブル「八月」「九月」を作成

*

手 順 「VSTACK関数」で「疑似串刺し計算」

[1] 集計するシートの「C2:E2セル」に、「列見出し」を入力します。

「B3セル」に3つのテーブルの重複しない「行見出し」を書き出します。
「B3セル」の数式は、

=UNIQUE(CHOOSECOLS(VSTACK(七月,八月,九月),1))

です。

*

3つのデータの結合は、

VSTACK(七月,八月,九月)

この結合したデータから、「行見出し」の「列」を、

CHOOSECOLS(VSTACK(七月,八月,九月),1)

で取り出しています。

*

ユニークな「行見出し」は、「UNIQUE関数」で取り出しています。
これらの関数の詳細な使い方は、以下をご覧ください。

指定された行・列の配列を返すCHOOSEROWS関数・CHOOSECOLS関数の使い方:Excel関数
http://www.eurus.dti.ne.jp/~yoneyama/Excel/kansu/chooserows.html

UNIQUE関数で重複しない値を取り出す:Excel関数
http://www.eurus.dti.ne.jp/~yoneyama/Excel/kansu/unique.htm

「行見出し」は「UNIQUE関数」で取り出す

[2]「C3セル」の数式は、

=SUM(FILTER(FILTER(VSTACK(七月,八月,九月),
CHOOSECOLS(VSTACK(七月,八月,九月),1)=$B3),
COUNTIF(C$2,$B$2:$E$2)))

としました。

「C3セル」の数式

結合したデータ「VSTACK(七月,八月,九月)」から、「りんご(B3セル)」のデータを取り出します。

　数式は、

FILTER(VSTACK(七月,八月,九月),CHOOSECOLS(VSTACK(七月,八月,九月),1)=$B3)

としました。

　「Filter関数」で、データ「VSTACK(七月,八月,九月),」から、1列目が「りんご($B3)」

であるデータを取り出しています。

りんご		128	498	133	
りんご		334	161	126	
りんご		131	459	387	

1列目が「りんご ($B3)」のデータを取り出す

＊

取り出したデータで「りんご」の合計を出すために、2列目の「128～131」の列を取り出します。

```
FILTER(FILTER(VSTACK(七月,八月,九月),
CHOOSECOLS(VSTACK(七月,八月,九月),1)=$B3),
COUNTIF(C$2,$B$2:$E$2))
,
```

「COUNTIF(C$2,$B$2:$E$2)」は、{0,1,0,0}といった配列を返すので、2列目の「128～131」の列を取り出すことを指定しています。

＊

これで「128～131」が取り出せました。

あとはデータを合計すればいいので、「SUM関数」でくくればいいことになります。

[3] 「C3セル」に入力した数式を「右方向」「下方向」へコピーすれば完成です。

E3			fx	=SUM(FILTER(FILTER(VSTACK(七月,八月,九月),
				CHOOSECOLS(VSTACK(七月,八月,九月),1)=$B3),
				COUNTIF(E$2,$B$2:$E$2)))

	A	B	C	D	E	F	G	H	I
1									
2			鹿児島店	指宿店	霧島店				
3		りんご	593	1,118	646				
4		みかん	1,156	1,014	782				
5		マンゴー	400	500	600				
6		バナナ	683	565	566				
7									

数式を「右方向」「下方向」へコピー

[4] 「8月」のデータに「パイナップル」を追加してみました。

	A	B	C	D	E	F	G	H	I
1									
2		商品 ▼	鹿児島店 ▼	指宿店 ▼	霧島店 ▼				
3		りんご	334	161	126				
4		みかん	381	452	247				
5		バナナ	312	144	318				
6		パイナップル		1000					
7									
8									
9									

Sheet1 | Sheet6 | 4月 | 5月 | 6月 | 7月 | 8月 | 9月 | 集計 | Sheet10

データを追加

[5] 数式を7行目までコピーすると、計算結果が表示されます。
「データの追加」にも対応しているのも確認できました。

	A	B	C	D	E	F	G	H	I
1									
2			鹿児島店	指宿店	霧島店				
3		りんご	593	1,118	646				
4		みかん	1,156	1,014	782				
5		マンゴー	400	500	600				
6		バナナ	683	565	566				
7		パイナップル	0	1,000	0				
8									

Sheet1 | Sheet6 | 4月 | 5月 | 6月 | 7月 | 8月 | 9月 | 集計 | Sheet10

準備完了

第7章

「TAKE関数」「DROP関数」の使い方

■よねさん

> 「TAKE関数」「DROP関数」が、「Excel for Microsoft 365」で使え
> るようになりました（2022/9/2に確認しました）。

サイト名	「よねさんのWordとExcelの小部屋」
URL	http://www.eurus.dti.ne.jp/~yoneyama/Excel/kansu/take_drop.html
記事名	行・列を指定して新しい配列を作成するTAKE関数・DROP関数の使い方

7-1　「TAKE関数」の使い方

配列から指定した「行」「列」を抜き取って、新しい配列を得る
=TAKE(array,rows,[columns])

■「TAKE関数」の引数

　この関数は「CHOOSEROWS関数」や「CHOOSECOLS関数」と似ていますが、配列の「頭」や「最終」から、「行数」や「列数」を指定する関数になっています。

　関数の引数は、現時点では英語表記です。

「TAKE関数」の引数

引　数		意　味
array	必須	セル範囲や配列
rows	必須	行数を指定する
columns	省略可	列数を指定する

■「TAKE関数」で「行数」を指定する

　「B1:D5セル」をテーブルに変換しています。
　テーブル名は「果物」です。
　このテーブルのデータの「先頭から2行」を、新たな配列として取り出します。
　　　　　　　　　　　　　　　　＊
　「B8セル」に、

=TAKE(果物,2)

と入力します。

テーブルの「先頭から2行」を新たな配列として取り出す

■「TAKE関数」で「行数」を負の値で指定する

指定する「行番号」を負の値で指定すると、データの後ろから「行数」を指定できます。

*

=TAKE(果物,-2)

というように、「-2」を指定すると、「最終行から2行」のデータで配列が作られます。

データの後ろから「行数」を指定

■「TAKE関数」で列数を指定する

=TAKE(果物 ,,2)

とすると、「左端から2列」のデータで配列が作られます。

「左端から2列」のデータで配列を作る

また、

=TAKE(果物 ,,-2)

とすると、「右端から2列」のデータで配列が作られます。

「右端から2列」のデータで配列を作る

■「TAKE関数」で「行数」と「列数」を指定する

=TAKE(果物,2,2)

とすると、「先頭から2行」と、「左端から2列」のデータで配列が作られます。

「先頭から2行」「左端から2列」のデータで配列を作る

7-2　「DROP関数」の使い方

配列から指定行・列を削除して、新しい配列を得る
ドロップ
=DROP(array,rows,[columns])

■「DROP関数」の引数

この関数も「CHOOSEROWS関数」や「CHOOSECOLS関数」と似ていますが、配列の「頭」や「最終」から、「行数」や「列数」を指定する関数です。

関数の引数は、現時点では、英語表記になっています。

「DROP関数」の引数

引　数		意　味
array	必須	セル範囲や配列
rows	必須	行数を指定する
columns	省略可	列数を指定する

*

返す配列がない場合は、エラー「#CALC!」を返します。

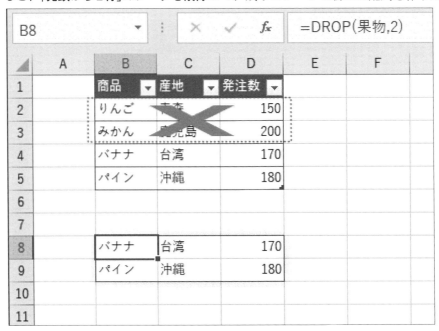

返す配列がなければ、エラー「#CALC!」を返す

■「DROP関数」で「行数」を指定する

=DROP(果物,2)

とすると、「先頭から2行」のデータを削除して、残りのデータで新たな配列を作ります。

「先頭から2行」を削除し、残りのデータで新たな配列を作る

■「DROP関数」で「行数」を負の値を使って指定する

指定する「行番号」を負の値で指定すると、データの後ろから「行」や「列」を指定できます。

*

```
=DROP(果物,-2)
```

とすると、「最終行から2行」のデータを削除して、配列が作られます。

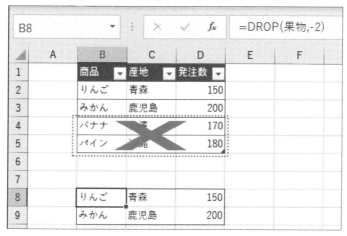

「最終行から2行」のデータを削除し、配列を作る

■「DROP関数」で「列数」を指定する

```
=DROP(果物,,2)
```

とすると、「左端から2列」のデータが削除され、残りの列のデータが配列に入力されます。

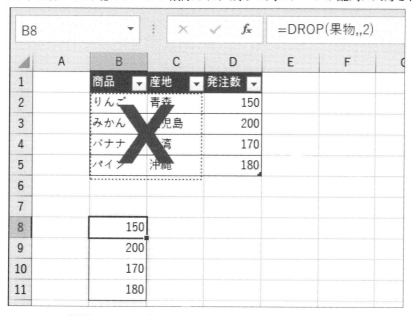

「左端から2列」のデータを削除し、残りのデータを配列に入力する

■「DROP関数」で「行数」と「列数」を指定する

```
=DROP(果物,2,2)
```

とすると、「先頭から2行」と「左端から2列」のデータが削除され、残りのデータが配列に入力されます。

「先頭から2行」と「左端から2列」のデータを削除し、残りのデータを配列に入力

第8章

「CHOOSEROWS 関数」
「CHOOSECOLS 関数」の使い方

■よねさん

> ここでは、「Excel for Microsoft 365」で新しく使えるようになった、「CHOOSEROWS 関数」「CHOOSECOLS 関数」の使い方を見ていきましょう（2022/9/2 に確認）。

サイト名	「よねさんの Word と Excel の小部屋」
URL	http://www.eurus.dti.ne.jp/~yoneyama/Excel/kansu/chooserows.html
記事名	指定された行・列の配列を返す CHOOSEROWS 関数・CHOOSECOLS 関数の使い方

8-1　　「CHOOSEROWS 関数」の使い方

> 指定された「行」の配列を返す
> =CHOOSEROWS(array,row_num1,[row_num2],...)

■「CHOOSEROWS 関数」の引数

関数の「引数」は、現時点では、「英語表記」です。

「CHOOSEROWS 関数」の引数

引　数		意　味
array	必須	セル範囲や配列
row_num1	必須	返される最初の「行番号」
row_num2	省略可	返される追加の「行番号」

●【使用例】

「B2:D5 セル」に入力されている配列の、「行」が2番目と3番目のデータを抽出します。

*

「B8 セル」には、

> =CHOOSEROWS(B2:D5,2,3)

と入力。

> =CHOOSEROWS(B2:D5,{2,3})

とすることも可能です。

「行」が2番目と3番目のデータを抽出

■「CHOOSEROWS関数」の引数の「行数」を負の値で指定する

指定する「行番号」を負の値で指定すると、後ろの「行」や「列」を指定することが可能です。

*

```
=CHOOSEROWS(B2:D5,-1,-3)
```

というように「-1,-3」として、最終行から1番目と3番目の「行」を指定しています。

最終行から1番目と3番目の「行」を指定

■「CHOOSEROWS 関数」の引数の「行数」を関数で指定する

指定する「行番号」を、「SEQUENCE関数」で指定できます。

＊

構文は、

```
=SEQUENCE(行,列,開始,目盛り)
```

なので、「2,3」を指定するには、「SEQUENCE(1,2,2,1)」となります。

```
=CHOOSEROWS(B2:D5,SEQUENCE(1,2,2,1))
```

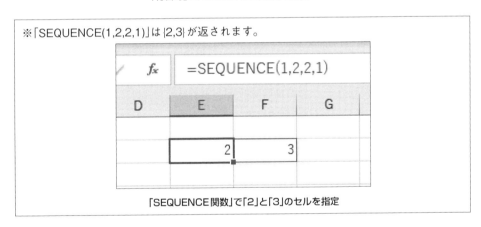

	A	B	C	D	E	F	G	H	I	J
1		商品	産地	発注数						
2		りんご	青森	150						
3		みかん	鹿児島	200						
4		バナナ	台湾	170						
5		パイン	沖縄	180						
6										
7										
8		みかん	鹿児島	200						
9		バナナ	台湾	170						

B8 ▼ : × ✓ fx =CHOOSEROWS(B2:D5,SEQUENCE(1,2,2,1))

「行番号」を「SEQUENCE関数」で指定

※「SEQUENCE(1,2,2,1)」は {2,3} が返されます。

fx =SEQUENCE(1,2,2,1)

D	E	F	G
	2	3	

「SEQUENCE関数」で「2」と「3」のセルを指定

■配列やセル範囲をテーブルにすると……

セル範囲「B1:D5セル」をテーブルに変換しました。

テーブル名は「果物」です。

＊

テーブルの、「行」が1番目と3番目のデータを抽出します。

「B8セル」には、

```
=CHOOSEROWS(果物,1,3)
```

と入力。

| B8 | | ▼ | : | × | ✓ | *fx* | =CHOOSEROWS(果物,1,3) |

◢	A	B	C	D	E	F	G	H
1		商品 ▼	産地 ▼	発注数 ▼				
2	①→	りんご	青森	150				
3	2→	みかん	鹿児島	200				
4	③→	バナナ	台湾	170				
5	4→	パイン	沖縄	180				
6								
7								
8		りんご	青森	150				
9		バナナ	台湾	170				
10								

「行」が1番目と3番目のデータを抽出

8-2 「CHOOSECOLS」関数の使い方

指定された「列」の配列を返す
=CHOOSE COLS (array,col_num1,[col_num2],...)
チューズ コール(カラムズ)

■「CHOOSECOLS関数」の引数

関数の引数は、現時点では、英語表記です。

「CHOOSECOLS関数」の引数

引 数		意 味
array	必須	セル範囲や配列
col_num1	必須	返される最初の列番号
col_num2	省略可	返される追加の列番号

●【使用例】

「B2:D5セル」に入力されている配列の、「列」が1番目と2番目のデータを抽出します。

＊

「B8セル」には、

=CHOOSECOLS(B2:D5,1,2)

と入力。

=CHOOSECOLS(B2:D5,{1,2})

とすることも可能です。

「列」が1番目と2番目のデータを抽出

■「CHOOSECOLS関数」の引数の「列数」を負の値で指定する

指定する「行番号」を負の値で指定すると、後ろから「列」を指定することが可能です。

＊

=CHOOSECOLS(B2:D5,-3,-1)

というように「-3,-1」として、最終行から3番目と1番目の「列」を指定しています。

最終行から3番目と1番目の「列」を指定

■「CHOOSECOLS関数」の引数の「列数」を関数で指定する

「B2:D5セル」に入力されている配列の、「列」が1番目と2番目のデータを抽出します。

＊

「B8セル」に、

=CHOOSECOLS(B2:D5,SEQUENCE(2,1,1,1))

と入力。

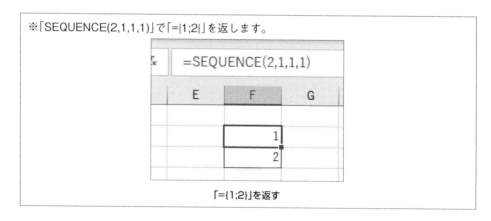

「列」が1番目と2番目のデータを抽出

※「SEQUENCE(2,1,1,1)」で「＝{1;2}」を返します。

「＝{1;2}」を返す

■「配列」や「セル範囲」をテーブルにすると……

セル範囲「B1:D5セル」をテーブルに変換しました。

テーブル名は「果物」です。

テーブルの、「列」が1番目と3番目のデータを抽出します。

*

「B8セル」には、

```
=CHOOSECOLS(果物,1,3)
```

と入力。

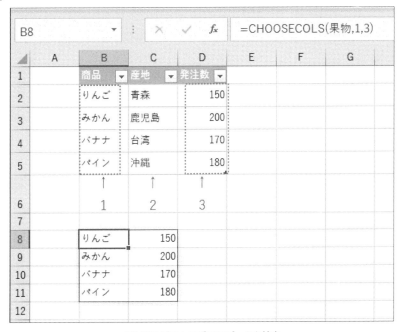

「列」が1番目と3番目のデータを抽出

第9章

「TOROW関数」「TOCOL関数」の使い方

■よねさん

ここでは、「Excel for Microsoft 365」で新しく使えるようになった、「TOROW関数」「TOCOL関数」の使い方を見ていきましょう（2022/9/2に確認）。

サイト名	「よねさんのWordとExcelの小部屋」
URL	http://www.eurus.dti.ne.jp/~yoneyama/Excel/kansu/torow.html
記事名	配列を1行・1列にするTOROW関数・TOCOL関数の使い方

9-1 「TOROW関数」の使い方

配列を1行にする
=TOROW(array,ignore,scan_by_column)

■「TOROW関数」の引数

関数の「引数」は、現時点では、「英語表記」です。

「TOROW関数」の引数

引 数		意 味
array	必須	セル範囲や配列
ignore	必須	特定の種類の値を無視するかどうか。 既定では、値は無視されません。 0：すべての値を保持する（既定） 1：空白を無視する 2：エラーを無視する 3：空白とエラーを無視する
scan_by_column	省略可	省略、または「FALSE」の場合、配列は「行」単位でスキャンされます。 「TRUE」の場合、配列は「列」ごとにスキャンされます。

●【使用例】

「B2:E4セル」に入力されている値（配列）を1行に展開します。

*

「B7セル」には、

= TOROW(B2:E4)

と入力しています。

空欄のセルは「0」が返されます（D3セル→H7セル）。

B7	▼	:	×	✓	f_x	=TOROW(B2:E4)							
▲	A	B	C	D	E	F	G	H	I	J	K	L	M	N
1														
2		りんご	150	20	3,000									
3		みかん	300		0									
4		バナナ	200	10	2,000									
5														
6														
7		りんご	150	20	3000	みかん	300	0	0	バナナ	200	10	2000	
8														

入力されている値(配列)を1行に展開

■「TOROW関数」の引数「ignore」の設定

「TOROW関数」を使って説明します。

> 0：すべて表示
> 1：空白(D3セル)の値を無視
> 2：エラー(E3セル)の値を無視
> 3：空白(D3セル)とエラー(E3セル)の値を無視

▲	A	B	C	D	E	F	G	H	I	J	K	L	M	N
1														
2		りんご	150	20	3,000									
3		みかん	300		#DIV/0!									
4		バナナ	200	10	2,000									
5														
6	ignoreの設定													
7	0	りんご	150	20	3000	みかん	300	0	#DIV/0!	バナナ	200	10	2000	
8	=TOROW(B2:E4,0)													
9	1	りんご	150	20	3000	みかん	300	#DIV/0!	バナナ	200	10	2000		
10	=TOROW(B2:E4,1)													
11	2	りんご	150	20	3000	みかん	300	0	バナナ	200	10	2000		
12	=TOROW(B2:E4,2)													
13	3	りんご	150	20	3000	みかん	300	バナナ	200	10	2000			
14	=TOROW(B2:E4,3)													
15														

「ignore」を設定した場合

■「TOROW関数」の引数「scan_by_column」の設定

「TOROW関数」の引数「scan_by_column」を設定した例です。

「FALSE」を設定すると、「行」単位でデータを読み込みます。
「TRUE」を設定すると、「列」単位でデータを読み込みます。

▲	A	B	C	D	E	F	G	H	I	J	K	L	M	N
1														
2		りんご	150	20	3,000									
3		みかん	300		#DIV/0!									
4		バナナ	200	10	2,000									
5														
6														
7		りんご	150	20	3000	みかん	300		0	#DIV/0!	バナナ	200	10	2000
8	=TOROW(B2:E4,0,FALSE)													
9														
10		りんご	みかん	バナナ		150	300	200	20	0	10	3000	#DIV/0!	2000
11	=TOROW(B2:E4,0,TRUE)													
12														
13														

「scan_by_column」を設定した場合

9-2 「TOCOL関数」の使い方

配列を1列にする
ツー コール（カラム）
=TO COL (array,ignore,scan_by_column)

■「TOCOL関数」の引数

関数の「引数」は、現時点では、「英語表記」になっています。

「TOCOL関数」の引数

引　数		意　味
array	必須	セル範囲や配列
ignore	必須	特定の種類の値を無視するかどうか。 既定では、値は無視されません。 0：すべての値を保持する（既定） 1：空白を無視する 2：エラーを無視する 3：空白とエラーを無視する
scan_by_column	省略可	省略、または「FALSE」の場合、配列は「行」単位でスキャンされます。 「TRUE」の場合、配列は「列」ごとにスキャンされます。

■「TOCOL関数」に配列を設定した例

「B2:E4セル」に入力されている「値」(配列)を1列に展開します。

*

「B7セル」には、

```
=TOCOL(B2:E4)
```

と入力しています。

空欄のセルは「0」が返されます(D3セル→B13セル)。

TOCOL関数の説明1

■「TOCOL関数」の引数「ignore」の設定

「TOCOL関数」の引数「ignore」に「0〜3」を設定した結果です。

0:すべて表示
1:空白(D3セル)の値を無視
2:エラー(E3セル)の値を無視
3:空白(D3セル)とエラー(E3セル)の値を無視

	A	B	C	D	E	F	G	H	I	J
1										
2		りんご	150	20	3,000					
3		みかん	300		#DIV/0!					
4		バナナ	200	10	2,000					
5	=TOCOL(B2:E4,0)		=TOCOL(B2:E4,1)		=TOCOL(B2:E4,2)			=TOCOL(B2:E4,3)		
6										
7		りんご		りんご		りんご		りんご		
8		150		150		150		150		
9		20		20		20		20		
10		3000		3000		3000		3000		
11		みかん		みかん		みかん		みかん		
12		300		300		300		300		
13		0		#DIV/0!		0		バナナ		
14		#DIV/0!		バナナ		バナナ		200		
15		バナナ		200		200		10		
16		200		10		10		2000		
17		10		2000		2000				
18		2000								
19										

「ignore」に「0～3」を設定した結果

■「TOCOL関数」の引数「scan_by_column」の設定

「TOCOL関数」の引数の「scan_by_column」を設定した例です。

＊

「FALSE」を設定すると、「行」単位でデータを読み込んでいます。

「TRUE」を設定すると、「列」単位でデータを読み込んでいます。

	A	B	C	D	E	F	G	H	I
1									
2		りんご	150	20	3,000				
3		みかん	300		#DIV/0!				
4		バナナ	200	10	2,000				
5									
6	=TOROW(B2:E4,0,FALSE)			=TOROW(B2:E4,0,TRUE)					
7		りんご		りんご					
8		150		みかん					
9		20		バナナ					
10		3000		150					
11		みかん		300					
12		300		200					
13		0		20					
14		#DIV/0!		0					
15		バナナ		10					
16		200		3000					
17		10		#DIV/0!					
18		2000		2000					
19									

「scan_by_column」を設定した例

第 10 章

「EXPAND 関数」
「TEXTSPLIT 関数」の使い方

■よねさん

「EXPAND 関数」と「TEXTSPLIT 関数」が「Excel for Microsoft 365」で使えるようになった（2022/9/2確認）ので、使用法をまとめました。

サイト名	「よねさんのWordとExcelの小部屋」	
URL	[10-1]	http://www.eurus.dti.ne.jp/~yoneyama/Excel/kansu/expand.html
	[10-2]	http://www.eurus.dti.ne.jp/~yoneyama/Excel/kansu/textsplit.html
記事名	[10-1]	配列を指定された行数・列数だけ拡大する EXPAND 関数の使い方
	[10-2]	指定した区切り文字で分割する TEXTSPLIT 関数の使い方

10-1　　　　　　　　　　EXPAND関数

1行を折り返して配列にする
エクスパンド
=EXPAND(array,rows,[columns],[pad_with])

■EXPAND関数の引数

関数の「引数」は、現時点では、「英語表記」になっています。

EXPAND関数の引数

引　数		意　味
array	必須	セル範囲や配列
rows	必須	展開された配列内の行数。
columns	省略可	展開された配列内の列数。
pad_with代替文字	省略可	埋め込む値 既定値は「#N/A」です。

■「EXPAND関数」で「行数」を拡大する

「B2:E4 セル」に入力されている「値」（配列）を4行に拡大します。

*

「B7 セル」には、

＝EXPAND(B2:E4,4)

と入力しています。

「C3セル」は空欄のセルです。

「EXPAND関数」を通すと「0」に変換されています。

元の配列より拡張された部分(4行目)には、「#N/A」が入力されます。

B7				f_x		=EXPAND(B2:E4,4)
	A	B	C	D	E	F	G
1							
2		1001	1002	1003	1004		
3		1011		1013	1014		
4		1021	1022	1023	1024		
5							
6							
7		1001	1002	1003	1004		
8		1011	0	1013	1014		
9		1021	1022	1023	1024		
10		#N/A	#N/A	#N/A	#N/A		
11							
12							

空欄のセルは「0」に変換され、拡張された箇所には「#N/A」が入力される

●「EXPAND関数」で「列数」と「行数」を拡大する

「B2:E4セル」に入力されている「値」(配列)を、「5列*4行」に拡大します。

*

「B7セル」には、

=EXPAND(B2:E4,4,5)

と入力しています。

「C3セル」は空欄のセルです。

「EXPAND関数」を通すと「0」に変換されています。

元の配列より拡張された部分(4行目と5列目)には、「#N/A」が入力されます。

B7		▼	⋮	✕	✓	*fx*	=EXPAND(B2:E4,4,5)

◢	A	B	C	D	E	F	G
1							
2		1001	1002	1003	1004		
3		1011		1013	1014		
4		1021	1022	1023	1024		
5							
6							
7		1001	1002	1003	1004	#N/A	
8		1011	0	1013	1014	#N/A	
9		1021	1022	1023	1024	#N/A	
10		#N/A	#N/A	#N/A	#N/A	#N/A	
11							
12							

空欄のセルは「0」に変換され、拡張された箇所には「#N/A」が入力される

●「#N/A」の代わりに表示する「代替文字」を設定する

「B7セル」には、

= EXPAND(B2:E4,4,5,"-")

と入力しています。

B7		▼	⋮	✕	✓	*fx*	=EXPAND(B2:E4,4,5,"-")

◢	A	B	C	D	E	F	G	H
1								
2		1001	1002	1003	1004			
3		1011		1013	1014			
4		1021	1022	1023	1024			
5								
6								
7		1001	1002	1003	1004	-		
8		1011	0	1013	1014	-		
9		1021	1022	1023	1024	-		
10		-	-	-	-	-		
11								
12								

「代替文字」として「-」を設定

■関数で作った配列を「EXPAND関数」で拡張

配列を「SEQUENCE関数」で作って、「EXPAND関数」で拡張した例です。

*

「B5セル」には、

=EXPAND(SEQUENCE(2,5,1000,10),3,6)

と入力しています。

B5		▼	:	×	✓	*fx*	=EXPAND(SEQUENCE(2,5,1000,10),3,6)		
◢	A	B	C	D	E	F	G	H	I
1		1000	1010	1020	1030	1040			
2		1050	1060	1070	1080	1090			
3		=SEQUENCE(2,5,1000,10)							
4									
5		1000	1010	1020	1030	1040	#N/A		
6		1050	1060	1070	1080	1090	#N/A		
7		#N/A	#N/A	#N/A	#N/A	#N/A	#N/A		
8									

「SEQUENCE関数」で作った配列を拡張

10-2　　　　　TEXTSPLIT関数

指定した区切り文字で文字列を分割します。
=TEXTSPLIT(text,col_delimiter,[row_delimiter],[ignore_empty],[match_mode],[pad_with]

この関数とは逆に「文字列」を結合する関数としては、「**TEXTJOIN関数**」が使えます。
「TEXTJOIN関数」は、「Excel2019,Excel2021,Excel for Microsoft 365」で使用可能です。

■「TEXTSPLIT関数」の引数

関数の「引数」は、現時点では、「英語表記」になっています。

ちなみに、「TEXTJOIN関数」は、図のように「日本語表記」です。

=TEXTSPLIT(text,col_delimiter,row_delimiter,ignore_empty,match_mode,pad_with)			
=TEXTJOIN(区切り文字,空のセルは無視,テキスト1,...)			
[Ctrl] + [Shift] + [A]：関数の引数を表示するショートカットキー			

「TEXTJOIN関数」は「日本語表記」

「TEXTSPLIT関数」の「引数」

引　数		意　味
Text 文字列	必須	分割したいテキスト(文字列)
col_delimiter 列の区切り文字	必須	列方向に分割するときに使う、文字または文字列
row_delimiter 行の区切り文字	省略可	行方向に分割するときに使う、文字または文字列
ignore_empty 空欄を無視する	省略可	空欄を無視するかどうか TRUE: 空欄を無視する FALSE(省略): 空欄を無視しない
match_mode 一致モード	省略可	区切り文字を検索するとき、大文字・小文字を区別するか 0(省略): 大文字と文字を区別する 1: 大文字と小文字を区別しない
pad_with 代替文字	省略可	各行の横方向のデータ不足時に表示する値

■「col_delimiter」(「列」の区切り文字)

「col_delimiter」(「列」の区切り文字)を使用した例です。

＊

「B2セル」に、

```
=TEXTSPLIT(A2,",")
```

というように、「列」の区切り文字に「,」(カンマ)を指定しました。

カンマで文字列が分割されて、「列」方向へ入力されます。

カンマで文字列が分割、「列」方向へ入力

■「row_delimiter」(「行」の区切り文字)

「row_delimiter」(「行」の区切り文字)に「,」(カンマ)を指定した例です。

＊

「B2セル」に、

```
=TEXTSPLIT(A2,,",")
```

というように、「行」の区切り文字に「,」(カンマ)を指定しました。

「列」の区切り文字は省略しています。

カンマで文字列が分割されて、「行」方向に入力されます。

=TEXTSPLIT(A2,,",")

	A	B	C
1			
2	1,上原嘉男,男,027-0096,岩手県宮古市,1977/7/12,37	1	
3	2,森永彩芽,女,760-0027,香川県高松市,1963/3/25,51	上原嘉男	
4	3,古田恵,女,254-0912,神奈川県平塚市,1980/5/4,34	男	
5	4,太田千恵子,女,972-8315,福島県いわき市,1987/8/17,27	027-0096	
6		岩手県宮古市	
7		1977/7/12	
8		37	
9			

カンマで文字列が分割、「行」方向に入力

■「ignore_empty」(空欄を無視する)

「ignore_empty」(空欄を無視する)を使った例です。

*

「B3セル」には、

```
=TEXTSPLIT(A3,",",,TRUE)
```

「B4セル」には、

```
=TEXTSPLIT(A3,",",,FALSE)
```

元の文字列に、区切り文字「,」(カンマ)の文字列で空欄があったとき(=「,,」というように区切り文字が連続しているとき)、この空欄を表示するか無視するかを設定できます。

「TRUE」と指定すると、空欄は無視され、セルは詰めて入力されます。
「FALSE」と指定すると、空欄もセルに設定され、空欄の位置のセルは空欄となります。

	A	B	C	D	E	F	
1							
2	1,上原嘉男,男,027-0096,岩手県宮古市,1977/7/12,37	1	上原嘉男	男	027-0096	岩手県宮古市	1977/
3	1,上原嘉男,,027-0096,,1977/7/12,37	1	上原嘉男	027-00	1977/7/12	37	
4		1	上原嘉男		027-0096		1977/
5							
6	=TEXTSPLIT(A3,",",,TRUE)						
7							
8	=TEXTSPLIT(A3,",",,FALSE)						
9							

連続した区切り文字を空欄にするか無視するか設定できる

■「match_mode」（一致モード）

「match_mode」（一致モード）で、「大文字」と「小文字」の区別の方法を切り替えられます。

＊

ということで、最初に、「,」と「，」で区別しようと、

```
=TEXTSPLIT(A2,",",,,0)
```

と、

```
=TEXTSPLIT(A2,",",,,1)
```

で試したのですが……。

ご覧の通り、「,」で区切ることはできませんでした。

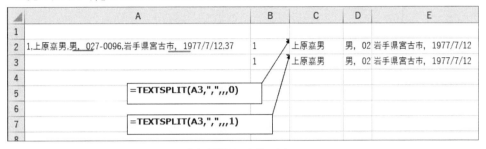

「,」で区切ることはできない

そうです、「,」と「，」は、「**大文字**」と「**小文字**」ではなく、「**半角文字**」と「**全角文字**」です。初心者レベルの勘違いをしてしまいました。

＊

「大文字」と「小文字」があるのはアルファベットなので、ここでは「x」と「X」で再挑戦しました。

元の文字列には「x」と「X」が混在しています。

```
=TEXTSPLIT(A9,"x",,,0)
```

というように、「大文字」と「小文字」を区別する「0」を指定すると、「X」では区切れません。

```
=TEXTSPLIT(A9,"x",,,1)
```

というように、「大文字」と「小文字」を区別しない「1」を指定すると、「X」でも区切ることができました。

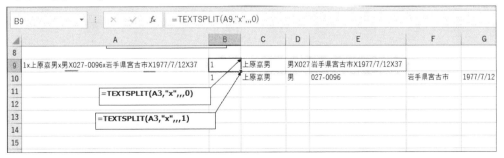

「大文字」と「小文字」を区別するか否かを切り替える

ところで、「,」と「,」で区切りたい場合は、区切り文字を配列で指定すればOKです。

以下の図では、

=TEXTSPLIT(A2,{",",",　"})

としています。

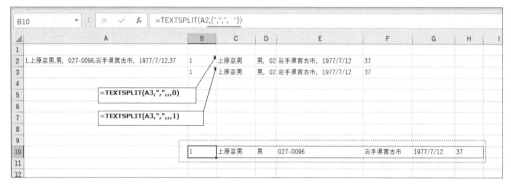

「,」と「,」で区切る

■「pad_with」(代替文字)

「行」方向と「列」方向に、「,」と「;」で分割します。

すると、データが不足したところに「#N/A」というようにエラーが表示されます。

B2		fx	=TEXTSPLIT(A2,",",";")		
	A	B	C	D	E	F
1						
2	りんご,300,5,1500;みかん,400;バナナ,250,4,1000	りんご	300	5	1500	
3		みかん	400	#N/A	#N/A	
4		バナナ	250	4	1000	
5						
6						

エラーが表示される

このエラーの代わりに、「-」(ハイフン)を表示します。

=TEXTSPLIT(A2,",",";",,,"-")

と入力しています。

B2		fx	=TEXTSPLIT(A2,",",";",,,"-")		
	A	B	C	D	E	F
1						
2	りんご,300,5,1500;みかん,400;バナナ,250,4,1000	りんご	300	5	1500	
3		みかん	400	-	-	
4		バナナ	250	4	1000	
5						
6						

「-」を「#N/A」の代替文字として指定

第11章

「TEXTBEFORE 関数」「TEXTAFTER 関数」の使い方

■よねさん

「TEXTBEFORE 関数」と「TEXTAFTER 関数」が「Excel for Microsoft 365」で使えるようになったので (2022/9/2 確認)、使用法をまとめました。

サイト名	「よねさんの Word と Excel の小部屋」
URL	http://www.eurus.dti.ne.jp/~yoneyama/Excel/kansu/textbefore.html
記事名	区切り文字の前後の文字列を取り出す TEXTBEFORE 関数・TEXTAFTER 関数の使い方

11-1 TEXTBEFORE 関数

区切り文字の前の文字列を取り出す
テキスト　　ビフォア
=TEXTBEFORE(text,delimiter,[instance_num],[match_mode],[match_end],[if_not_found])

■「TEXTBEFORE 関数」の引数

関数の「引数」は、現時点では、「英語表記」になっています。

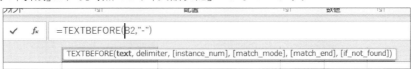

「TEXTBEFORE 関数」の引数

引 数		意 味
text	必須	検索対象のテキスト
delimiter	必須	抽出する前のポイントをマークするテキスト。 区切り文字
instance_num	省略可	区切り文字が複数あるとき、前からの順番。 既定では、「instance_num = 1」。 「負の数」を指定すると、テキストの末尾から検索を開始。
match_mode	省略可	テキスト検索で「大文字」と「小文字」を区別するかどうかを決定。 0または省略:「大文字」と「小文字」を区別 1:「大文字」と「小文字」を区別しない

引　数		意　味
match_end	省略可	テキストの末尾を区切り記号として扱う。 0または省略：一致して終了しない 1：一致して終了
if_not_found	省略可	一致するものが見つからない場合に返される値。 既定では、「#N/A」が返される。

●【使用例】

「TEXTBEFORE関数」で「姓」を取り出すことができます。

区切り文字に" "（半角のスペース）を設定して、「半角スペース」より前の文字列を取り出します。

「C2セル」に、

=TEXTBEFORE(B2:B7," ")

と入力。

「半角スペース」より前の文字列を取り出す

*

区切り文字に「半角スペース」と「全角スペース」が混在している場合は、2つを区切り文字に指定します。

=TEXTBEFORE(B2:B7," ")

では、「半角スペース」を区切り文字に設定しています。

よって、「半角スペース」がない文字列（4行目と5行目）では、「エラー」(#N/A)が返されます。

区切り文字がないと、「エラー」が返ってくる

=TEXTBEFORE(B2:B7,{" "," "})

とすると、「全角スペース」も併せて指定できます。

「全角スペース」と「半角スペース」の両方を指定

■「TEXTBEFORE関数」の引数の「instance_num」を指定する

区切り文字が複数ある場合、何番目の区切り文字で文字列を取り出すかを指定することができます。

=TEXTBEFORE(B2,"-",3)

とすると、3つ目の"-"より前の文字列を取り出すことができます。

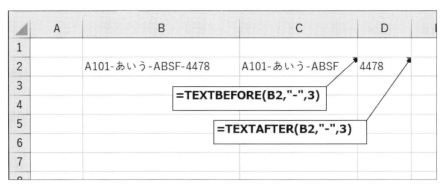

何番目の区切り文字で文字列を取り出すかを指定する

区切り位置の順番を「負の値」で指定すると、図のように後ろから区切り文字の位置を検索可能です。

▲	A	B	C	D	E
1					
2		A101-あいう-ABSF-4478	A101-あいう-ABSF	=TEXTBEFORE(B2,"-",-1)	
3			A101-あいう	=TEXTBEFORE(B2,"-",-2)	
4			A101	=TEXTBEFORE(B2,"-",-3)	
5			#N/A	=TEXTBEFORE(B2,"-",-4)	
6					

後ろから区切り位置を検索する

■「TEXTBEFORE関数」の引数の「match_mode」を指定する

テキスト検索で「大文字」と「小文字」を区別するかどうかを決定します

0または省略	「大文字」と「小文字」を区別
1	「大文字」と「小文字」を区別しない

*

区切り文字に「d」を指定します。

引数の「match_mode」に「0」を指定すると、「大文字」と「小文字」を区別しますが、図では「小文字」の「d」は見つからないので、「#N/A」となります。

引数の「match_mode」に「1」を指定すると、「大文字」と「小文字」の区別をしないので、「大文字」の「D」より前の文字列が抽出されます。

▲	A	B	C	D	E
1					
2		ABCDEFGHIJ	#N/A	=TEXTBEFORE(B2,"d",,0)	
3			ABC	=TEXTBEFORE(B2,"d",,1)	
4					

「match_mode」の指定で、「大文字」と「小文字」を区別するか否かを変更できる

■「TEXTBEFORE関数」の引数の「match_end」を指定する

ヘルプには以下のように書かれています。

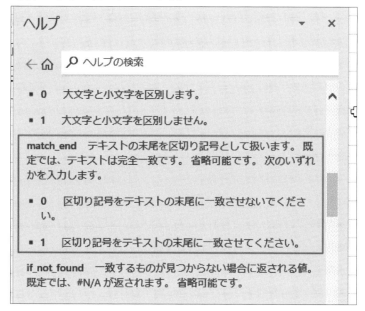

「match_end」のヘルプ

＊

「match_end」には、**次図**のようなヒントが表示されます。

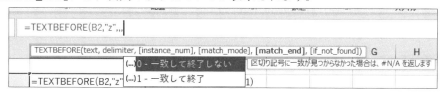

0：区切り記号に一致が見つからなかった場合は、「＃N/A」を返す

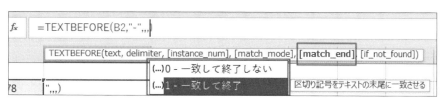

1：区切り記号がテキストの末尾に一致させる

=TEXTBEFORE(B2,"z",,,0)

というように、区切り文字に対象の文字列に含まれていない「z」を指定。

　この状態で、「match_end」に「0」を指定すると、区切り文字がテキスト内にないので、「#N/A」が返されています。

　「match_end」に「1」を指定すると、区切り文字がテキスト内にないので、「テキストのすべて」が表示される。

	A	B	C	D	E
1					
2		A101-あいう-ABSF-4478	#N/A	=TEXTBEFORE(B2,"z",,,0)	
3			A101-あいう-ABSF-4478	=TEXTBEFORE(B2,"z",,,1)	
4					

「0」を指定すると「#N/A」が表示され、「1」を指定すると「テキストのすべて」が表示された

*

「match_end」については、以上のような感じでしょう。

この解釈があっているのかは不明です。

■「TEXTBEFORE関数」の引数の「if_not_found」を指定する

次図の、

```
=TEXTBEFORE(B2:B7," ")
```

では、半角のスペースを区切り文字に設定しています。

半角のスペースがない文字列（4行目と5行目）では、「エラー」(#N/A) が返されます。

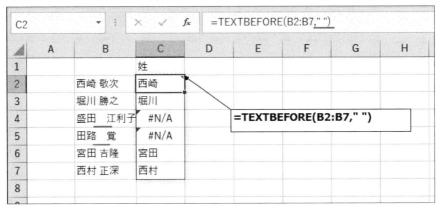

「半角スペース」がなれば「エラー」を返す

一致するものが見つからない場合に表示される「エラー」(# N/A) を、"-"（ハイフン）に置き換えたいときは、

```
=TEXTBEFORE(B2:B7," ",,,"-")
```

というように、引数「if_not_found」を指定します。

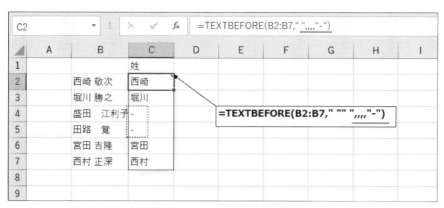

「if_not_found」を指定すると、「# N/A」が「-」に置き換わる

11-2 TEXTAFTER関数

区切り文字の前の文字列を取り出す
=TEXTAFTER(text,delimiter,[instance_num],[match_mode],[match_end],[if_not_found])

■「TEXTAFTER関数」の引数

関数の「引数」は、現時点では、「英語表記」になっています。

TEXTAFTER関数の引数

引 数		意 味
text	必須	検索対象のテキスト
delimiter	必須	抽出する前のポイントをマークするテキスト。 区切り文字
instance_num	省略可	区切り文字が複数あるとき、前からの順番。 既定では、「instance_num = 1」。 「負の数」を指定すると、テキストの末尾から検索を開始。
match_mode	省略可	テキスト検索で「大文字」と「小文字」を区別するかどうかを決定。 0または省略：大文字と小文字を区別 1：大文字と小文字を区別しない
match_end	省略可	テキストの末尾を区切り記号として扱う。 0または省略：一致して終了しない 1：一致して終了
if_not_found	省略可	一致するものが見つからない場合に返される値。 既定では、「#N/A」が返される。

●【使用例】

「TEXTAFTER関数」で「姓」と「名」を分けて取り出すことができます。

*

「名」は、区切り文字に「半角スペース」を設定して、「半角スペース」より後の文字列を取り出します。

「C2セル」に、

```
=TEXTAFTER(B2:B7," ")
```

と入力します。

「半角スペース」より後の文字列を取り出す

■「TEXTAFTER関数」の引数の「instance_num」を指定する

区切り文字が複数ある場合、「何番目の区切り文字で文字列を取り出すか」を指定することができます。

```
=TEXTAFTER(B2,"-",3)
```

とすると、3つ目の"-"より後の文字列を取り出すことができます。

	A	B	C	D	
1					
2		A101-あいう-ABSF-4478	A101-あいう-ABSF	4478	
3		=TEXTBEFORE(B2,"-",3)			
4					
5		=TEXTAFTER(B2,"-",3)			
6					
7					

何番目の区切り文字で文字列を取り出すか指定する

区切り位置の順番を「負の値」で指定すると、**次図**のように、後ろから区切り文字の位置を検索。

「TEXTAFTER関数」では、その区切り文字の後ろの文字列を取り出します。

	A	B	C	D	E
1					
2		A101-あいう-ABSF-4478	4478	=TEXTAFTER(B2,"-",-1)	
3			ABSF-4478	=TEXTAFTER(B2,"-",-2)	
4			あいう-ABSF-4478	=TEXTAFTER(B2,"-",-3)	
5			#N/A	=TEXTAFTER(B2,"-",-4)	
6					

「指定した位置の区切り文字」より後ろの文字列を取り出す

■「TEXTAFTER関数」の引数の「match_mode」を指定する

テキスト検索で、「大文字」と「小文字」を区別するかどうかを決定します。

0または省略	「大文字」と「小文字」を区別
1	「大文字」と「小文字」を区別しない

区切り文字に「d」を指定。

　この状態で引数の「match_mode」に「0」を指定すると、「大文字」と「小文字」を区別しますが、小文字の「d」は見つからないので、「#N/A」となります。

　引数の「match_mode」に「1」を指定すると、「大文字」と「小文字」の区別をしないので、「大文字」の「D」より後の文字列が抽出されます。

	A	B	C	D	E
1					
2		ABCDEFGHIJ	#N/A	=TEXTAFTER(B2,"d",,0)	
3			EFGHIJ	=TEXTAFTER(B2,"d",,1)	
4					
5					

「大文字」と「小文字」を区別するか否かを決定する

■「TEXTAFTER関数」の引数の「if_not_found」を指定する

　次図の、

```
=TEXTAFTER(B2:B7," ")
```

では、「半角スペース」を区切り文字に設定しています。

　「半角スペース」がない文字列(4行目と6行目)では、「エラー」(#N/A)が返されます。

	A	B	C	D	E	F	G
1			名				
2		西崎 敬次	敬次				
3		堀川 勝之	勝之				
4		盛田　江利子	#N/A	=TEXTAFTER(B2:B7," ")			
5		田路 覚	覚				
6		宮田　吉隆	#N/A				
7		西村 正深	正深				
8							
9							

区切り文字がなければ「エラー」が返ってくる

　一致するものが見つからない場合に表示される「エラー」(#N/A)を、"-"(ハイフン)に置き換えたいときは、

=TEXTAFTER(B2:B7," ",,,,"-")

というように、引数「if_not_found」を指定します。

C2			fx	=TEXTAFTER(B2:B7," ",,,,"-")			
	A	B	C	D	E	F	G
1			名				
2		西崎 敬次	敬次				
3		堀川 勝之	勝之				
4		盛田　江利子	-	=TEXTAFTER(B2:B7," ",,,,"-")			
5		田路 覚	覚				
6		宮田　吉隆	-				
7		西村 正深	正深				
8							

「if_not_found」を指定すると「#N/A」が「-」に置き換わる

第12章

「WRAPROWS関数」「WRAPCOLS関数」の使い方

■よねさん

「Excel for Microsoft 365」で新たに使用可能になった（2022/9/2確認）、「WRAPROWS関数」「WRAPCOLS関数」の使い方を見ていきましょう。

サイト名	「よねさんのWordとExcelの小部屋」
URL	http://www.eurus.dti.ne.jp/~yoneyama/Excel/kansu/WRAPROWS.html
記事名	行または列で折り返す配列を作成するWRAPROWS関数・WRAPCOLS関数の使い方

12-1 「WRAPROWS関数」「WRAPCOLS関数」の引数

1行を折り返して配列にする
ラップ ロウズ
=WRAPROWS(vector,wrap_count,[pad_with])

1列を折り返して配列にする
ラップ コール(カラム)
=WRAP COLS (vector,wrap_count,[pad_with])

関数の「引数」は、現時点では、「英語表記」になっています。

「WRAPROWS関数」「WRAPCOLS関数」の引数

引 数		意 味
vector	必須	折り返すベクトルまたは参照
wrap_count	必須	各行（各列）の値の最大数
pad_with 代替文字	省略可	各行の横方向のデータ不足時に表示する値

■使用例

「B1セル」に、

=SEQUENCE(1,10,1001,10)

と入力して、「1001」から増分「10」の数値10個の配列を生成しています。

「B3セル」に、

=WRAPROWS(B1#,3)

と入力して、3列で配列を折り返し表示。

「G3セル」には、

=WRAPCOLS(B1#,3)

と、3行で配列を折り返して表示しています。

データが不足しているセルには、「エラー」(#N/A)が表示されています。

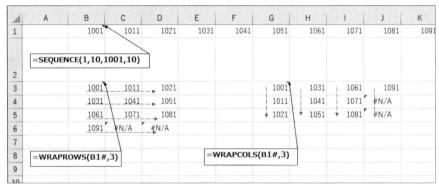

「WRAPROWS関数」「WRAPCOLS関数」の使用例

*

「エラー」(#N/A)を"-"(ハイフン)に置き換えたいときは、

=WRAPROWS(B1#,3,"-")
=WRAPCOLS(B1#,3,"-")

とします。

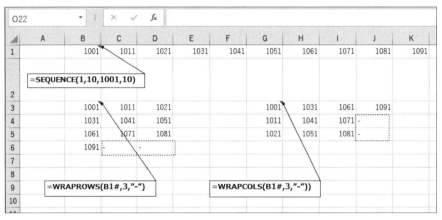

「エラー」を「-」に置き換える

12-2　実用例

■実用例1：カレンダー

実際の使用例がなかなか思い浮かばなかったので、カレンダーを作ってみました。

「WRAPROWS関数」で作ったカレンダー

*

「B3セル」には、作成したい月の1日の日付を入力します。

「B5セル」には、

```
=WRAPROWS(
SEQUENCE(1,DAY(EOMONTH(B3,0))+ABS(1-WEEKDAY(B3,1)),
B3+(1-WEEKDAY(B3,1)),1),
7,"")
```

といった数式を入力しています。

カレンダーの最初の日曜日を計算して、「SEQUENCE関数」でその月の最終日までの配列を生成。

この配列を、「WRAPROWS関数」で7列に配置しています。

*

なお、前月を見えなくするために、ちょっと小細工をしています。

あらかじめ、日付のセルのフォントの色を白くして見えなくしておきます。
そして、その月の日付は「条件付き書式」でフォントの色を黒にしているのです。

「条件付き書式」前月の日付を隠す

■実用例２：「新型コロナ感染者数」の「データバー」付きカレンダー

新型コロナの感染者数（鹿児島県）を、条件付き書式の「データバー」で表現してみました。

2022/6/1 水								日	月	火	水	木	金	土
日	月	火	水	木	金	土								
5/29	5/30	5/31	6/1	6/2	6/3	6/4		420	219	502	498	442	424	406
6/5	6/6	6/7	6/8	6/9	6/10	6/11		318	172	455	425	405	340	437
6/12	6/13	6/14	6/15	6/16	6/17	6/18		298	194	481	337	429	340	343
6/19	6/20	6/21	6/22	6/23	6/24	6/25		284	174	443	361	361	319	372
6/26	6/27	6/28	6/29	6/30	7/1	7/2		282	202	420	401	428	413	497
7/3	7/4	7/5	7/6	7/7	7/8	7/9		459	311	791	826	851	823	953
7/10	7/11	7/12	7/13	7/14	7/15	7/16		860	671	1,517	1,579	1,516	1,599	1,701
7/17	7/18	7/19	7/20	7/21	7/22	7/23		1,700	1,190	1,291	2,718	2,503	2,316	2,590
7/24	7/25	7/26	7/27	7/28	7/29	7/30		2,254	1,867	3,149	3,328	3,183	3,330	3,019
7/31	8/1	8/2	8/3	8/4	8/5	8/6		3,184	1,794	3,880	3,356	3,706	3,334	3,356
8/7	8/8	8/9	8/10	8/11	8/12	8/13		3,123	2,145	3,868	3,988	3,956	2,908	3,967
8/14	8/15	8/16	8/17	8/18	8/19	8/20		3,486	2,526	3,495	3,624	3,948	4,583	4,747
8/21	8/22	8/23	8/24	8/25	8/26	8/27		4,502	3,318	4,199	4,843	4,014	3,625	3,656
8/28	8/29	8/30	8/31	9/1	9/2	9/3		3,067	1,747	3,824	3,225	3,903	2,332	
9/4	9/5													

「新型コロナ感染者数」の「データバー」付きカレンダー

*

前図では、

```
=WRAPROWS(SEQUENCE(1,100,C3+(1-WEEKDAY(C3,1)),1),7,"")
```

と、「C3セル」の日付から100日分を日〜土のカレンダーで表現。

その横に、「感染者数データ」を、

```
=IFERROR(VLOOKUP(C5,Sheet4!$A$2:$H$962,4,0),"")
```

で引っ張ってきています。

「XLOOKUP関数」を使うと、

=IFERROR(XLOOKUP(C5:I5,感染者数!$A$2:$A$962,感染者数!$D$2:$D$962),"")

といった感じです。

＊

感染者のデータは、NHKが公開しているデータ（2022/9/2まで）から、鹿児島県分を書き出して使いました。

	日付	都道	都道府県名	各地の感染者数_1日ごと	各地の感染者数_累計	各地の死者数_1日こ
44203	2022/8/29	46	鹿児島県	1747	252045	
44204	2022/8/30	46	鹿児島県	3824	255869	
44205	2022/8/31	46	鹿児島県	3225	259094	
44206	2022/9/1	46	鹿児島県	2903	261997	
44207	2022/9/2	46	鹿児島県	2332	264329	
44208	2020/1/16	47	沖縄県	0	0	

鹿児島県の「新型コロナ感染者数」のデータ

（出典：https://www3.nhk.or.jp/n-data/opendata/coronavirus/nhk_news_
covid19_prefectures_daily_data.csv）

データ入力に役立つ「ショートカットキー」

■森田貢士

> 　手作業のデータ入力であれば、「ショートカットキー」で作業効率を上げられます。
> 　覚えてほしい「ショートカットキー」を31種類選んだので、作業に役立ちそうなものから試してみてください。

サイト名	「Excelを制する者は人生を制す」
URL	https://excel-master.net/data-collection/table-input-efficiency18/
記事名	Excel（エクセル）のデータ入力に役立つショートカットキー31選

A-1　データ入力は「ショートカットキー」で効率化できる

　「ショートカットキー」とは、キーボード上のキーの組み合わせの操作により、リボンのコマンドなどを呼び出す機能のことです。

　「ショートカットキー」はOSやソフトごとに用意されているものが多く、Excelにも数多くの「ショートカットキー」が存在します。

　ここでは、"Excelへの手作業のデータ入力に役立つ「ショートカットキー」"をピックアップしました。

　大枠として、基本動作を、「入力セルを移動」「複数セルを範囲選択」「セルの入力/編集」の「3カテゴリ」に分け、カテゴリ別に順番に解説していきます。

＊

　なお、3カテゴリとセットで覚えたほうが良いものは「その他」として、4つ目のカテゴリでまとめて紹介しています。

A-2　入力セルの移動に役立つ「ショートカットキー」

　「入力/編集」したいセルが単一の場合は、こちらの「ショートカットキー」を活用しましょう。

1 「A1セル」に移動：[Ctrl] + [Home]

　この「ショートカットキー」を使うと、瞬時に「A1セル」に移動します。

　ウィンドウ枠を固定している場合は、「A1セル」ではなく、ウィンドウ枠を固定位置の左上隅のセルに移動します。

　大きい表で最初のデータに戻りたい場合や、Excelブック提出前に「A1セル」に合わ

せておきたい場合などに有効です。

　ちなみに、キーボードによっては[Home]キーがない場合がありますが、その場合は[←]
キーが該当します。
　また、ノートパソコンの場合は[Fn]キーも一緒に押す必要があります。

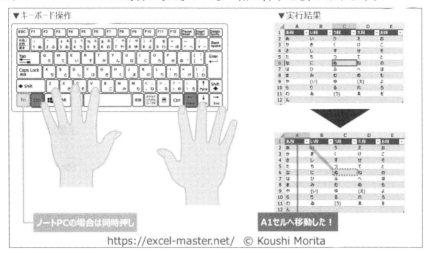

「A1セル」に移動

②　最後のセルに移動：[Ctrl]＋[End]

　この「ショートカットキー」を使うと、瞬時に最後のセルに移動します。
　「最後のセル」とは、データが入っている「最下行」と「最右列」の交点のセルのことです。

> ※なお、パッと見は「空白」のセルでも、何かしらの書式情報があると、最後のセルとして
> 認識されるケースもあります。

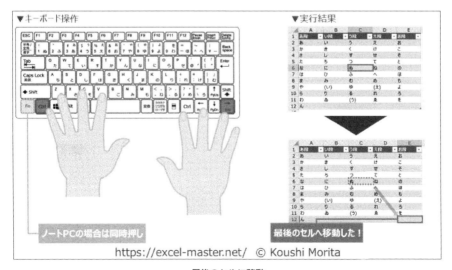

最後のセルに移動

　ちなみに、キーボードによっては[End]キーがない場合がありますが、その場合は[→]
キーが該当します（ノートパソコンの場合は[Fn]キーも一緒に押す必要がある）。

3 表の端へ移動：[Ctrl]＋矢印

押下したキーの方向で、データが入っている末端のセルまで瞬時に移動します。

「始点」となるセルから矢印の方向にデータが入っているセルがない場合は、「ワークシート」のいちばん端まで行ってしまいます（「行」なら1,048,576行、「列」ならXFD列）。

これは、入力したいセルが離れている場合に有効です。

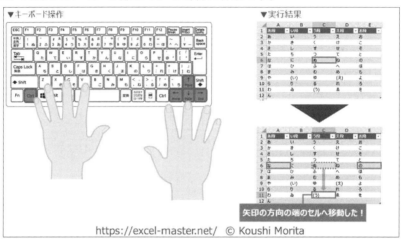

表の端へ移動

4 指定のキーワードを含むセルに移動：[Ctrl]＋[F]

この「ショートカットキー」を使うと、「検索」コマンドを活用できます。
具体的には、「検索したいキーワード」（文字列）を入力して[Enter]キーを押下することで、「該当のキーワード」が含まれるセルを検索することが可能です。

なお、複数のセルが該当する場合は、もう一度[Enter]キーで、「別の該当セル」に移動できます。

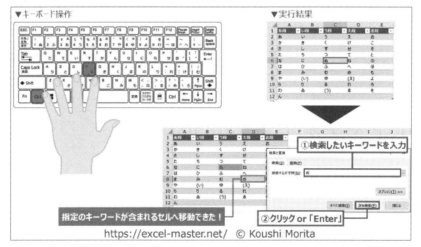

指定のキーワードを含むセルに移動

A-3　複数セルの範囲選択に役立つ「ショートカットキー」

「入力/編集」したいセルが複数の場合は、こちらの「ショートカットキー」を活用しましょう。

⑤ 表全体を選択：[Ctrl] ＋ [A]

表のいずれかのセルを選択中にこの「ショートカットキー」を使うと、表全体（表の範囲の全セル）を選択できます。

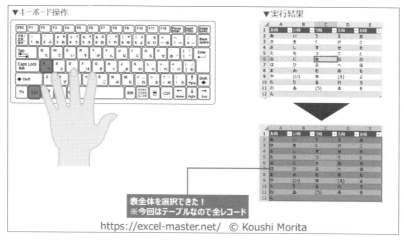

表全体を選択

表がテーブルの場合、「レコード」の部分を選択中だと全レコードの「セル範囲」（「フィールド名」含まず）、「フィールド名」（見出し）部分を選択中だと、「フィールド名」含む全セルが選択されます。

「表全体の書式設定」などを一括で行なう場合に便利です。

＊

ちなみに、表以外のセルを選択中にこの「ショートカットキー」を使うと、ワークシートの全セルが選択されます。

6 １セルずつ選択範囲を「拡大／縮小」：[Shift] ＋矢印

選択範囲を１セルずつ調整する場合は、この「ショートカットキー」を使います。

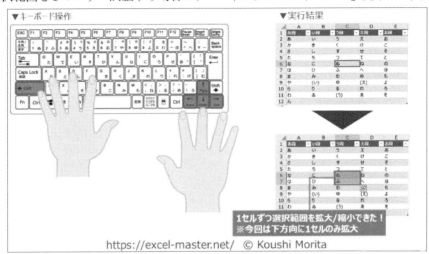

１セルずつ選択範囲を「拡大／縮小」

選択範囲を「拡大／縮小」したい方向の矢印キーを複数回押し、希望の選択範囲にするのに役立ちます。

マウスよりも細かく正確に選択できる点がメリットです。

7 連続セルを一括選択：[Ctrl] ＋ [Shift] ＋矢印

前述の「3 ([Ctrl] ＋矢印)」と「6 ([Shift] ＋矢印)」の応用技です。

始点のセルから、矢印キーの方向のデータがある末端セル（終点）までの連続範囲を一括で選択できます。

「複数セル」に書式設定やコピペなどを行なう場合に便利です。

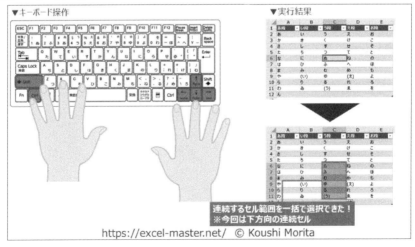

連続セルを一括選択

8 行全体を選択 : [Shift] + [Space]

この「ショートカットキー」で選択中のセルが含まれる行全体を選択できます。

「IME」の日本語入力モードがONだと、うまく挙動しない場合があります（半角のスペースが入力されてしまう）。

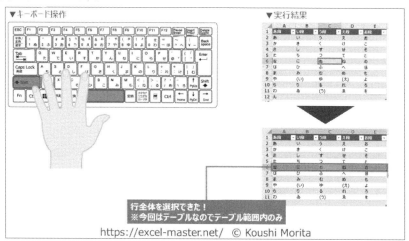

行全体を選択

行全体の書式設定をしたい場合などに便利です。

なお、テーブル内でこの「ショートカットキー」を実行すると、テーブル範囲に限った「行（レコード）全体」が選択されます。

9 列全体を選択 : [Ctrl] + [Space]

この「ショートカットキー」で選択中のセルが含まれる列全体を選択できます。

列全体の書式設定をしたい場合などに便利です。

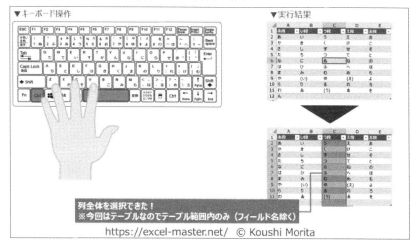

列全体を選択

　なお、テーブルのレコード内でこの「ショートカットキー」を実行すると、テーブル範囲に限った「列（フィールド名を除く）全体」が選択されます。

⑩ 指定の条件に該当するセルを選択：[F5]（もしくは[Ctrl] + [G]）

　この「ショートカットキー」を使うと、「ジャンプ」コマンドを活用できます。

　この「ジャンプ」コマンドの選択オプションで指定した条件（「空白セル」や「数式」など）に合致するセルを、すべて選択することが可能です。

　「空白セル」に対して、共通の「値」や「数式」を入力する場合などに役立ちます。

指定の条件に該当するセルを選択

　なお、図中の①のように、ダイアログ上のボタンをマウスを使わずに実行するには、[Alt]キーを押しながら、ボタン内のアルファベットに該当するキーを押せばOKです。

　また、②のように、ダイアログ上のボタンでない場合は、任意の条件の右横にあるアルファベットに該当するキーを押すのみで、マウスなしで指定できます（この場合は[Alt]キー不要）。

A-4　セルの「入力/編集」に役立つ「ショートカットキー」

　［A-2］［A-3］の「ショートカットキー」などで「入力/編集」する対象を選択できたら、こちらの「ショートカットキー」を活用しましょう。

11　「全角カタカナ」に変換：[F7]

　入力した文字を「全角カタカナ」に変換したい場合に、この「ショートカットキー」を使いましょう。

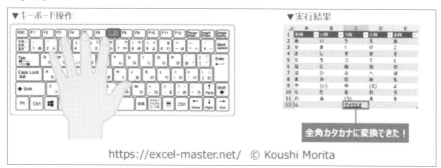

「全角カタカナ」に変換

12　「半角カタカナ」に変換：[F8]

　こちらは、入力した文字を「半角カタカナ」に変換したい場合に使いましょう。

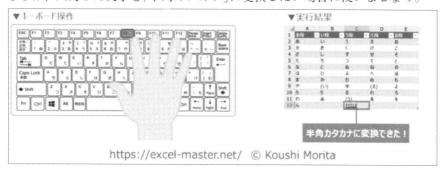

「半角カタカナ」に変換

13　「全角英数字」に変換：「F9」

　入力した文字を「全角英数字」に変換したい場合は、この「ショートカットキー」を使いましょう。

　なお、英字については、[F9]を押した回数で以下のように変わります。

1回：すべて小文字
2回：すべて大文字
3回：先頭の文字のみ大文字、以降は小文字

　以降は1回目に戻ります。

ちなみに、[CapsLock]がONの場合、1、2回目の結果が逆になります。

「全角英数字」に変換

14 「半角英数字」に変換：[F10]

この「ショートカットキー」は、入力した文字を半角英数字に変換したい場合に使いましょう。

なお、英字については、[F10]を押した回数で以下のように変わります。

1回：すべて小文字
2回：すべて大文字
3回：先頭の文字のみ大文字、以降は小文字

以降は1回目に戻ります。

なお、[CapsLock]がONの場合、1、2回目の結果が逆になります。

「半角英数字」に変換

15 コピー：[Ctrl] ＋ [C]

この「ショートカットキー」を使うと、選択中のセル範囲をコピーできます。

コピーしたデータは、「クリップボード」という一時的な記憶領域に保存されます。

このコピーしたデータを、後述の「16（[Ctrl] ＋ [V]）」や「17（[Ctrl] ＋ [Alt] ＋ [V]）」で貼り付けると、入力の時短が可能です（コピーからの貼り付けをセットで「コピペ」と言います）。

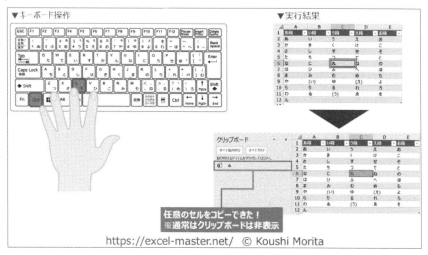

コピー

16 貼り付け：[Ctrl] ＋ [V]

この「ショートカットキー」を使うと、選択中のセル範囲へ「コピー」してあったクリップボード上のデータを、「貼り付け」（ペースト）できます。

貼り付け

なお、貼り付けできる情報は「セルの値」のみではなく、書式なども含まれるため、「コピー元のデータ」と「表データ」で書式が異なる場合、表の体裁を崩してしまう恐れがあ

115

ります。

そういった場合は、「17 ([Ctrl] + [Alt] + [V])」のほうを活用しましょう。

[17] 形式を選択して貼り付け：[Ctrl] + [Alt] + [V]

コピーしてあったクリップボード上のデータから、選択中のセル範囲に任意の情報のみを「貼り付け」(ペースト)できます。

よく使われるのは「値」であり、書式情報まで貼り付けされないため、表の体裁を崩すことはありません。

なお、「形式を選択して貼り付け」ダイアログが起動したら、任意の形式の右横にあるアルファベットのキーを押下すると、マウス操作せずに選択可能です。

また、ダイアログ上の「OK」ボタンも [Enter] キーで代替できるため、「値」のみを貼り付けたい場合は、次の操作を行えばキーボード操作のみで実行可能となります。

手 順 キーボード操作のみで実行

[1] 貼り付け先のセルを選択

[2] [Ctrl] + [Alt] + [V]

[3] [V]

[4] [Enter]

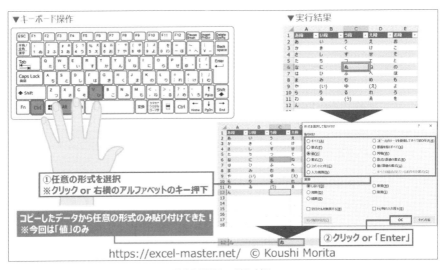

①任意の形式を選択
※クリック or 右横のアルファベットのキー押下

コピーしたデータから任意の形式のみ貼り付けできた！
※今回は「値」のみ

②クリック or 「Enter」

https://excel-master.net/ © Koushi Morita

形式を選択して貼り付け

18　1つ上のセルをコピペ：[Ctrl] + [D]

この「ショートカットキー」を使うと、1つ上のセルをコピペできます。

「1つ上のセル」という制約はあるものの、通常のコピペ（[Ctrl] + [C] → [Ctrl] + [V]）をワンアクションで行なえるため、1つ上のセルをコピペする場合は積極的に活用するといいでしょう。

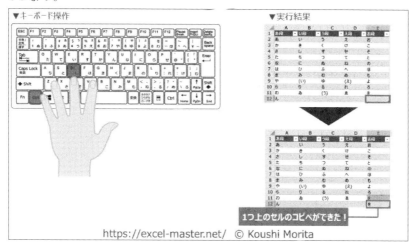

1つ上のセルをコピペ

19　同じ列の入力済みデータをリスト入力：[Alt] + [↓]

この「ショートカットキー」を使うと、同じ列で入力済みのデータが「ドロップダウンリスト形式」で入力できます。

「データの入力規則」で「ドロップダウンリスト」を設定している場合、そのリストが表示されます。

これは地味に使える「ショートカットキー」です。

リストから選択のみで済むため、文字数が多ければ多いほど、直接入力するより時短につながります。

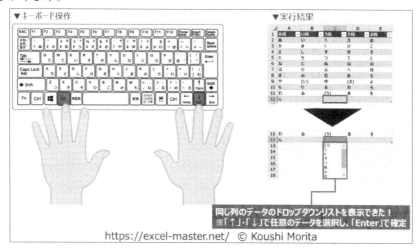

同じ列の入力済みデータをリスト入力

20 「現在の日付」を入力：[Ctrl] + [:]

この「ショートカットキー」を使うと、選択中のセル範囲へ「現在の日付」を入力できます（「現在の日付」はPC上の設定に基づきます）。

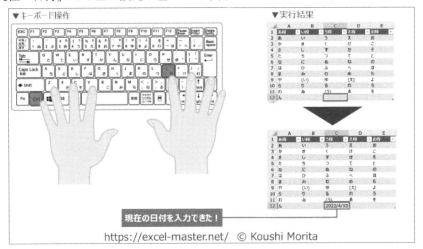

「現在の日付」を入力

手入力の場合、日付はスラッシュ (/) などをいちいち入力しないといけないため、この「ショートカットキー」は何気に重宝します。

21 「現在の時刻」を入力：[Ctrl] + [;]

選択中のセル範囲へ「現在の時刻」を入力できます（「現在の時刻」はPC上の設定に基づきます）。

手入力の場合、時刻はコロン (:) などをいちいち入力しないといけないため、この「ショートカットキー」も重宝します。

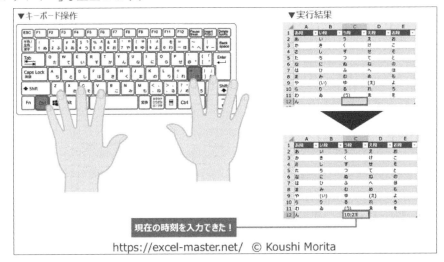

「現在の時刻」を入力

22 セルの編集：[F2]

この「ショートカットキー」を使うと、選択中のセルを編集モードに変更できます。
特定のセルの一部の値を修正する場合などに便利です。

セルの編集

なお、セルの編集モード中に「1（[Ctrl] + 「[Home]）」を使うとセル内の文字の先頭へ、「2
（[Ctrl] + [End]）」を使うとセル内の文字の末尾へカーソルを移動できます。

また、セルの編集モード中に「6（[Shift] + 矢印）」を使うと、複数の文字を選択状態に
できます。

23 元に戻す：[Ctrl] + [Z]

入力/編集の1つ前の状態に戻すことができます。

入力ミスや誤変換などをしてしまった場合は、こちらの「ショートカットキー」を活用
しましょう。

もう一度イチから再入力するといった不要な手間が削減できます。

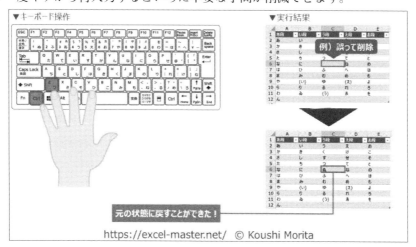

元に戻す

24 やり直し：[Ctrl] ＋ [Y]

この「ショートカットキー」を使うと、23の「元に戻す」をキャンセルできます。
元に戻し過ぎた場合は、焦らずにこの「ショートカットキー」を活用しましょう。

上記の「23（[Ctrl] ＋「Z」）」とセットで覚えるといいですね。

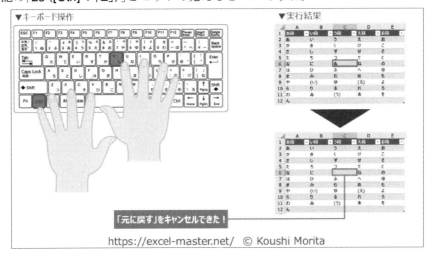

やり直し

25 選択範囲へ一括入力：[Ctrl] ＋ [Enter]

この「ショートカットキー」を使うと、選択中のセル範囲へ同じ値を一括入力できます。

1回の文字入力で複数セルの操作をまとめて行なえるため、[A-3]の「ショートカットキー」とセットで使うと効果抜群です。

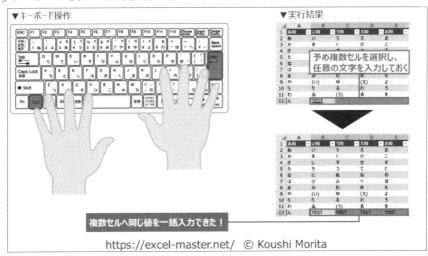

選択範囲へ一括入力

26 指定のキーワードを別な文字列に置き換える：[Ctrl] + [H]

この「ショートカットキー」を使うと、「置換」コマンドを活用できます。

「置換」コマンドは、「4 (**検索**)」と兄弟的な機能で、検索したいキーワード (a) と置換後の文字列 (b) を指定することで、a を b に置き換えることができます。
複数セルの一部の文字列を一括で修正や削除したい場合に便利です。

なお、データ量が多い表の場合、余計なセルの置換までされないよう、あらかじめ**[A-3]**の「ショートカットキー」で置換対象のセル範囲を指定してから、この「ショートカットキー」を活用することをお勧めします。

ちなみに、マウスを使わずに手順①→②の入力先を移動したい場合は[Tab]キーを使うといいです(逆に戻りたい場合は[Tab] + [Shift])。

指定のキーワードを別な文字列に置き換える

A-5　　　　　　　その他

　直接はデータ入力に影響しませんが、セットで覚えておくといい「ショートカットキー」を紹介します。

27 上書き保存：[Ctrl] + [S]

　現在データ入力している Excel ブックを「上書き保存」できます。

　こまめに「上書き保存」しておくと、入力作業中に万が一ブックが落ちても安心です。

上書き保存

28 挿入：[Ctrl] + [Shift] + [+]

　「セル」や「行」「列」のうち、任意のものを挿入できます。

　なお、テーブル内でこの「ショートカットキー」を実行すると、テーブル範囲に限って「行」(レコード) が挿入されます。

　テーブル以外の場合は、セル選択中だと「セル」「行」「列」の挿入するものを選択できますが、行全体を選択中([Shift] + [Space])なら「行」、列全体を選択中([Ctrl] + [Space])なら「列」が挿入されます。

挿入

29 削除：[Ctrl] + [-]

選択中の「セル」や「行」「列」を削除できます。

テーブル内でこの「ショートカットキー」を実行すると、テーブル範囲の該当の「行」（レコード）が削除されます。

テーブル以外の場合は、セル選択中だと「セル」「行」「列」の削除するものを選択できますが、行全体を選択中（[Shift] + [Space]）なら「行」、列全体を選択中（[Ctrl] + [Space]）なら「列」が削除されます。

「28（[Ctrl] + [Shift] + [+]）」とセットで覚えるといいでしょう。

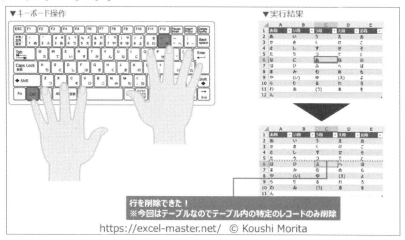

削除

30 シートの切り替え：[Ctrl] +「PageUp」/[Ctrl] + [PageDown]

同じブックの別シートに切り替えることができます。

[Ctrl] + [PageUp]で1つ左のシート、[Ctrl] + [PageDown]で1つ右のシートになります（ノートパソコンの場合は[Fn]キーも一緒に押す必要がある）。

同一ブック内のシートを跨いで作業を行なう場合に便利です。

シートの切り替え

123

31 ウィンドウの切り替え：[Alt]＋[Tab]/[Alt]＋[Shift]＋[Tab]

この「ショートカットキー」を使うと、現在起動中の別ウィンドウ（別ファイル）に切り替えることができます。

[Alt]＋[Tab]で1つ右のウィンドウ、[Alt]＋[Shift]＋[Tab]で1つ左のウィンドウへ移動し、[Alt]キーを離すことで選択したウィンドウへ切り替わります。

[Alt]キーを離すまで、[Tab]キーで任意のウィンドウが選択されるまで押しましょう。

こちらは複数ウィンドウを跨いで作業を行なう場合に便利です。

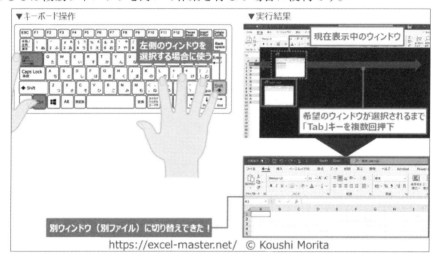

ウィンドウの切り替え

*

「ショートカットキー」は慣れるまでは大変ですが、無意識的に操作できるまで慣れると、画面遷移の数やマウス↔キーボードの手の往復時間が減り、作業効率がアップします。

ぜひ、実務で頻度の高い作業に役立ちそうなものから少しずつ試してみてください。

索 引

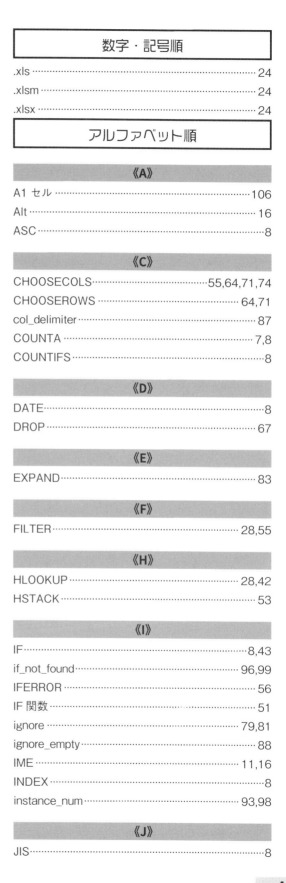

127

■筆者 & 記事データ

筆者	Tipsfound運営者
サイト名	「Tipsfound」
URL	https://www.tipsfound.com/

筆者	森田貢士
サイト名	「Excelを制する者は人生を制す」
URL	https://excel-master.net/

筆者	よねさん
サイト名	「よねさんのWordとExcelの小部屋」
URL	http://www.eurus.dti.ne.jp/~yoneyama/

質問に関して

本書の内容に関するご質問は、

① 返信用の切手を同封した手紙
② 往復はがき
③ FAX(03)5269-6031
　(ご自宅のFAX番号を明記してください)
④ E-mail　editors@kohgakusha.co.jp

のいずれかで、工学社編集部あてにお願いします。
なお、電話によるお問い合わせはご遠慮ください。

サポートページは下記にあります。

［工学社サイト］
http://www.kohgakusha.co.jp/

I/O BOOKS

「関数」を使った Excel 時短テクニック

2022年10月30日　初版発行　ⓒ 2022

※定価はカバーに表示してあります。

［印刷］シナノ印刷（株）

編　集　　I/O編集部
発行人　　星　正明
発行所　　株式会社 工学社
〒160-0004 東京都新宿区四谷 4-28-20 2F
電話　　　(03)5269-2041 (代) ［営業］
　　　　　(03)5269-6041 (代) ［編集］
振替口座　00150-6-22510

ISBN978-4-7775-2219-4